阅读成就思想……

Read to Achieve

衡量成功的标准，不在站立顶峰的高度，而在跌入低谷的反弹力。

巴顿将军

心理成长 系列

逆商

Adversity Quotient
Turning Obstacles into Opportunities

我们该如何
应对
坏事件

[美] 保罗·史托兹（Paul Stoltz）------→ 著
石盼盼 ---------------------→ 译
张 妍 孙淑颖 ------------------→ 审译

中国人民大学出版社
·北京·

图书在版编目（CIP）数据

逆商：我们该如何应对坏事件 /（美）保罗·史托兹（Paul Stoltz）著；石盼盼译 . -- 北京：中国人民大学出版社，2019.3
书名原文：Adversity Quotient：Turning Obstacles into Opportunities
ISBN 978-7-300-26541-4

Ⅰ.①逆… Ⅱ.①保… ②石… Ⅲ.①成功心理—通俗读物 Ⅳ.① B848.4-49

中国版本图书馆 CIP 数据核字（2018）第 296103 号

逆商：我们该如何应对坏事件
［美］保罗·史托兹（Paul Stoltz） 著
石盼盼 译
张 妍 孙淑颖 审译
Nishang：Women Gai Ruhe Yingdui Huai Shijian

出版发行	中国人民大学出版社		
社 址	北京中关村大街 31 号	邮政编码	100080
电 话	010-62511242（总编室）		010-62511770（质管部）
	010-82501766（邮购部）		010-62514148（门市部）
	010-62511173（发行公司）		010-62515275（盗版举报）
网 址	http://www.crup.com.cn		
经 销	新华书店		
印 刷	天津中印联印务有限公司		
开 本	720 mm×1000 mm　1/16	版 次	2019 年 3 月第 1 版
印 张	17.25　插页 1	印 次	2025 年 9 月第 47 次印刷
字 数	216 000	定 价	79.00 元

版权所有　　侵权必究　　印装差错　　负责调换

ADVERSITY QUOTIENT
TURNING OBSTACLES
INTO
OPPORTUNITIES

本书赞誉

所有人都会遭遇逆境，成功与否在于一个人作为攀登者的底色——选择迎难而上并持续成长的能力。

在这个过程中，最可怕的是迷失了继续前行的方向且手足无措。

如果我们知道为什么而活，如果我们能够找到合适的工具和方法，我们就可以面对任何逆境。读书点亮生活，樊登读书的初衷就是为此。

樊登
樊登读书创始人

创业需要有一颗"大心脏"，也就是逆商要高，一次次触底，一次次反弹。如何才能拥有触底反弹的能力？《逆商》这本书给出了答案。

黄伟强
壹心理创始人

中国职场人正步入40年来最艰难的境地。大环境下，创业更难了，维持业绩更难了，买房更难了，维持生活水准更难了，养育子女更难了，维持婚姻更难了……但

ADVERSITY QUOTIENT
TURNING OBSTACLES INTO OPPORTUNITIES

逆商
我们该如何应对坏事件

这是整体而言——对每个人，因应对逆境的能力不同，结果会有很大不同。如果你只是希望在逆境中能维持现状，那么你需要好运气。如果你希望自己的标签中增加"把握挑战""迎难而上""自我实现"，让挫折成为成长的资源，让逆境成为力量的源泉，那么你需要这本书。

赵周
拆书帮创始人、《这样读书就够了》作者

《逆商》中深刻的洞察、科学的评测和全面的提升方法工具令人印象深刻，同时极具可操作性。在充满挑战和变化的 VUCA 时代，培养个人和团队拥有强大的韧性和内驱力，从而形成关键优势，在逆境中发现机会并积极应对，这将对个人的发展及组织的绩效产生深远影响。

张继文（James Zhang）
科勒电力系统总裁

在强生，当大家谈论领导力时，每个人都会赋予这个词各种各样丰富的定义。然而，日常的挑战和变化所带来的负面情绪和低效的人际关系，往往让高质量的领导力行为受阻或变形。《逆商》这本书，让每一位职场人士在探究领导力的同时，学会正确地识别和应对逆境，培养并提升个人复原力和韧性，成为一名优秀的商业领导者。逆商已经成为强生公司的领导力语言之一，我相信它也是未来领导力的一种核心组成能力。

夏雷（Raymond Xia）
强生中国人才发展和学习负责人

对于每一个不安于现状、力求成长突破的人来说，《逆商》是一本必不可少的教科书。遭遇失败和挫折时，高逆商的人会和我们一样感觉悲伤，但他们更乐于变通思维，找寻看待问题的新方式。与智商和情商相比，逆商具有更强的后天可塑性。学习逆商，学习一种新的人生智慧。

田卫

eBay 中国研发中心总经理

一直在探索当今 VUCA 环境下，个人和组织的成功之道，而保罗·史托兹博士的《逆商》一书给了我答案。书中总结的 CORE 核心模型作为衡量和提升逆商的基础工具，非常实用，很高兴看到这本书的中文版问世。

蒋隽

沙特基础工业公司全球学习发展负责人

或许在一些人眼中逆商并不那么重要，因为我们并不是每天都经历"逆境"；或许有些人很幸运，还没有经历过真正的逆境。但这并不影响我们学习逆商，当你有意识地训练自己的意识和行为选择时，你就已经超越大多数人，更有勇气和魄力，更能决定自己的人生方向。

杜筦一

锐珂医疗大中华区学习发展与员工沟通高级经理

逆境是自我成长过程中不可逃避的功课，本书的逆商理论是一种自我评估工具，可以相对客观地知道我们面对逆境时的表现如何，同时它也针对我们的生存方式与生活哲学，提出了改善的方法，希望我们每个人都拥有从逆境中学习与振作的能力。

张德芬

著名作家

ADVERSITY QUOTIENT
TURNING OBSTACLES INTO OPPORTUNITIES | 逆商
我们该如何应对坏事件

人生，其实是个不断输的过程。但只要你输得起，就永远有重头再来的机会。如何做到"输得起"，就是看你逆商的能力。

不可否认，经历过逆境的人总会成长得更快，直面挫折的人总会成熟得更多。愿你拥有高逆商，成为自己的小太阳，无须凭借谁的光。

雾满拦江
资深媒体人

逆商，逆流而上，百折不挠，积极向上，是每个新时代女性都应有的精神面貌。它会让你的生命爆发出想象不到的能量！

潘幸知
幸知女性心理成长平台 CEO

为什么很多有才华的人成为不了成功者？我想最终衡量成功的不是你在顺利时做对多少决策，而是你在逆境时能抗住多少压力。我相信一个人在逆境时的反弹力决定了一个人人生最终的高度。

秋叶
秋叶 PPT 创始人

只要星汉一直灿烂，只要地球一直转动，逆境就永远不会消失。所以，重要的不是幻想着逃离逆境，而是要在逆境中提升逆商。这本书正好可以帮到你。

陈禹安
心理管理学家、《心理三国·逆境三部曲》作者

保罗·史托兹做了一件了不起的事，他总结了关于我们如何影响自己未来的最重要的信息，然后得出了一系列深刻的观察结果，这些观察结果教会我们如何在瞬息万

变的世界中茁壮成长！

乔尔·巴克（Joel Barker）
Infinity 有限公司总裁、《心智模式》（*Paradigms*）一书的作者

通过逆商你会发现，你拥有的掌控力比你想象的要大得多，关键是改变你的信念。不论你信与否，你通常可以在一分钟内完成。

肯·布兰查德（Ken Blanchard）
《一分钟经理人》（*The One Minute Manager*）一书合著者

保罗·史托兹的《逆商》解释了为什么有些人、团队、组织和社群会失败或退出，以及处于这种环境中的其他人如何坚持和成功。有了这本书，任何人或组织都能学习重塑他们的逆商，并连接至大脑以获得成功。

丹尼尔·巴鲁（Daniel Burrus）
《技术趋势》（*Technotrends*）一书的作者

逆商是我们这个时代最重要的概念之一。保罗·史托兹的书提供了将这个想法付诸实践所需的方向和工具。对如何自我精进、领导力效能改善及组织生产效率提升感兴趣的人来说，《逆商》都是必读的一本书。

吉姆·埃里克森（Jim Ericson）
大师论坛（TheMasters Forum）项目总监

内容可靠、构思巧妙。史托兹博士建立了一个可用性很高的模型，让人们的生活发生重大且可持续的改变。这个突破性的应用让人们能够用一种健康而有效的方法来培养自己的韧性。

菲尔·史泰朗（Phil Styrlund）
ADC 电信公司部门副总裁

世界上的每个人都应该奉行这些原则。保罗·史托兹找到了职场和家庭进步以及成功法则中缺失的要素。我会恪守这本书的教导,并把这些教给我的孩子。

尼尔·坎贝尔(Niel Campbell)
微软公司首席硬件工程师

保罗·史托兹为 21 世纪写了一本经久不衰的指南。他在书中就个人成就和事业成功提出了非凡见解。我认为这本书可与《高效能人士的七个习惯》(*Seven Habits of Highly Effective People*)相媲美。

史蒂芬·伯利尔(Stephen Burrill)
德勤会计师事务所合伙人

在这个充满不可控与不可预测的变革时代,我们莫特人认为,快速地管理变革能让我们拥有可持续的市场竞争优势。保罗·史托兹及其逆商理论让我们的管理者明白"不管理变革就是失职"!而这个科学的实践过程不仅告诉我们应该如何帮助人们去理解变革和逆境,而且更为重要的是教会我们如何去应对。

杰夫·布莱克(Jeff Black)
莫特公司销售和消费品营销部副总裁

我们非常需要这本书。对于想要提高自我效能的人来说,这本书中让人耳目一新的信息、扎实的研究和实用的工具都是必不可少的。读一读这本书,能让你勇敢地面对大大小小的逆境。

吉姆·威廉姆斯(Jim Williams)
组织效能方案公司总裁

对于如何让自己和所在组织迅速重振旗鼓，这本书给出了独到的见解。

艾德文·拉塞尔（Edwin Russell）
明尼苏达电力公司总裁兼 CEO

逆商讲的不仅是如何攀越逆境，还告诉我们如何生活得更好。这本书充满智慧、常识和洞见，每架飞机的座椅靠背袋里都应该放上一本。

理查德·莱德（Richard Leider）
美国创意集团合伙人、《目标的力量》和《重整行囊》等书作者

随着全球经济的不断发展，以及当今不断精简的企业遵循"事半功倍"的原则，逆商逐渐成为最佳的管理团队的工具。当你正寻找（或需要衡量成功的指标）那些能够在当今矩阵型组织中引领组织破浪前行的最佳人选时，不妨考虑一下逆商哲学吧。

托德·罗塞尔（Todd Rossel）
德勤会计师事务所人力资源管理解决方案和服务部门全国总监

保罗·史托兹在重新定义成功方面提出了一个很有说服力的观点——逆商。逆商既是一种测量方法，又是一种哲学。作为一种测量方法，逆商结合了认知心理学、心理神经免疫学和神经生理学方面的研究，全面展示了如何应对逆境的方法及其原因；而作为一种哲学，逆商则代表着一种重塑生活的方式，代表着向前迸发、超越自我，以及掌控我们未来前行的方向。

杰拉德·佩珀博士（Gerald Pepper）
明尼苏达大学传播学系教授

这是一本非常重要且必要的书！也是一本关于领导力和变革的佳作！这本书借助确凿严谨的最新研究，以及发人深省的故事和信息，为我们提供了一个极具创造性和

新意的战胜逆境的方法。

玛格丽特·哈彻博士（Margaret Hatcher）
北亚利桑那大学北亚利桑那领导力研究院院长

任何想要提高绩效的人都应该了解一下逆商，专业人士、管理者以及团队、机构和企业的推动者更应该读一读这本书。

马丁·肯尼（Martin Kenney）
加拿大圣母大学荣誉校长

如果想要改变不利己的思维模式，那就试着了解一下逆商。逆商就是一种实用、易学且极为有效的工具。它让我对自己觉得重要的事情有一种透视感和掌控感，让我的领导团队更善于克服困难和快速解决问题，从而提升企业的生产力和员工的满意度。

科尼·弗里希（Conny Frish）
凯巴布国家森林公园森林主管

史托兹博士在这本书中给出的办法，帮助我们找到了处理市中心问题的关键因素。

罗德·霍尔（Rod Hohl）
西南领导力研究院 CFO

保罗·史托兹博士是个"攀登者"，他的这本关于提高逆商的书对我而言，无疑是一份极有价值的礼物。它帮助我实现了个人和职业的目标。我认为保罗·史托兹是该研究领域的领导者，他给出的信息和方法确实管用！

丹尼尔·杜布拉瓦（Daniel Dubrava）
雷诺制造公司区域经理

《逆商》这本影响深远的书一定会让经理人、企业高管、教育者和学者感兴趣。史托兹博士告诉我们,一个人如何在瞬息万变的环境中战胜逆境,从而获得成功。

阿尔弗雷德·莱斯特斯博士(Alfred Raisters)
拉脱维亚领事馆荣誉领事

在这个只顾钻研速效对策的世界里,保罗·史托兹指出了面对逆境和战胜逆境的方法和益处。在逆商理论中,"把柠檬榨成汁"并不是套话,而是让生活变得充实而有意义的秘诀。保罗的这本书创造性地把硬科学运用到关于个人和社会潜力的软科学上。

乔尔·霍德罗夫(Joel Hodroff)
Commonweal 股份有限公司创始人

保罗·史托兹的这本书深深吸引了我。这本书让我感觉不是我在读这本书,而是这本书在读我;不是我读懂这本书,而是这本书读懂我。逆商理论富有广度和深度,罕见地将心理研究转变成实用的智慧。

戴尔·道腾(Dale Dauten)
King Features 专栏作家

找到工作可能要靠智商,但保住工作要靠逆商。史托兹告诉我们该做什么、为什么要做以及如何去做,才能在这个年代以及下一次裁员潮中屹立不倒并获得成功。我跟五大洲的企业领导、管理者和员工打过交道。不管是在哪个国家、不管有着怎样的文化,我发现,逆商都是衡量个人平衡和商业成功的最佳指标。

贝利·阿拉德(Bailey Allard)
阿拉德协会股份有限公司总裁

ADVERSITY QUOTIENT
TURNING OBSTACLES
INTO
OPPORTUNITIES | 推荐序一

逆风飞扬

今年暑假,我去贵州旅行,特意前往一位我国古代著名思想家、军事家和哲学家的遗址参访。公元1506年,一位35岁的青年才子,因反抗阉党被迫害而被流放到贵州,途中还险些被阉党派来的杀手追杀,最后只有通过装死才逃过一劫。当他历经艰辛来到当时的烟瘴之地时,连住的地方都没有,只能在洞穴里暂时栖身,他将这戏称为玩易窝。这段经历可谓是这位青年才子人生的最低谷,此时,恐怕任何人都无法想到,三年后阉党被诛,才子被朝廷重新起用,五年后被召入京,十三年后平定宁王叛乱。更重要的是,他在学术思想上对我国儒释道文化进行了整合,提出了传世至今的心学。他就是著名的王阳明先生。而这一切的关键转折点就在他从官二代、年少得志的青年京官,逃过命悬一线的追杀,跌落到西南边陲那个昏暗、简陋的岩洞里,就是在这样的一个最恶劣的环境和人生的最低谷,王阳明悟道"圣人之道,吾性自足,向之求理于事物者误也",这就是龙场悟道。我在阳明先生故居遗址处——龙场悟道之地,感到最令人钦佩的是,在人生最绝望之时,阳明先生并没有沮丧自弃,抱怨人生,或者单纯对阉党愤怒,而是参透人性本源，对人生充满了希望。对此，我们可以从阳明先生的遗言"此心光明，亦复何言！"中充分感悟到。

绝大多数的人一生当中都难免遇到创伤、挫折和逆境。人生顺利之时，我们往往很容易应对，心情也会感到愉快，每个人并无差别。但一旦遇到不顺利、困难或者挫折，如何去看待、应对和处理挫折就是人生智慧的体现之时了。如果没有亡国，就没有卧薪尝胆，就没有春秋五霸的勾践；如果没有人狱，便没有司马迁的《史记》。往往在艰难和危机之时，人们会被动地离开舒适区，但这往往也是促使人们能真正进一步思考、升华的时刻。

我长期从事心理咨询和危机干预工作，几乎每天都在面对有自杀风险的个案。在危机干预中，我们常会犯的错误就是，只看到危险，而看不到危险后面的机会。从心理咨询的角度来看，我们总是希望帮助来访者去做出一些积极的改变，但在这努力的过程中，遇到的最常见的问题是，来访者自己很清楚自己的问题所在，但就是无法改变。如果在此过程中发生了严重的危机，那这将是来访者发生改变的最佳时机——因为如果再不改变，那就会危及其自身和他人的生命安全了。而危机干预的艺术就在于化危为机，而化危为机正是处在危机中的人或者处理危机者在逆境中的智慧的表现，这种智慧就是本书所说的逆商。

从智商到情商再到逆商，人们已经发明了很多评估和测量人各种能力的专业工具。《逆商》一书的作者用了几十年时间来研究和理解人应对逆境的能力，从而形成了很多发人深思的观察。例如，作者发现在1991年的时候，人们平均每天遭遇到三个难题，而如今这个数据已经高达32个。在大多数社会里，深受焦虑、无助、失眠、抑郁甚至是自杀倾向之苦的人数在持续攀升，实际上精神障碍的患病率、发病率也在持续上升。因此，如何应对爆炸式增长的日常难题、压力和困境，已经是人们不得不面对的问题了。因此，本书提出了逆商的CORE四个维度［CORE是英文单词Control（掌控感）、Ownership（担当力）、Reach（影响度）、Endurance（持续性）首字母的缩写］，并且从这四个维度出发，为读者提供了很多培养和发展身处逆境时应对的方法和策略，具有很好的实际应用性。

这是一个糟糕的时代，也是一个美好的时代，我们无法选择身处的时代和环境，唯一能选择的是如何有效和积极地去应对。我想，正如我一开始所提到的先哲王阳明的例子，在中国的历史和文化中，同样也凝聚了很多成功应对逆境、逆风飞扬的智慧，甚至是将挫折和逆境转化为人生大逆转契机的智慧。

徐凯文
北京大学副教授、临床心理学博士

ADVERSITY QUOTIENT
TURNING OBSTACLES INTO OPPORTUNITIES | 推荐序二

是什么让孩子们终生攀登

读书也要投缘。一本好书,如果没有缘分也是不会随意来到你的手中;更何况即使拿起了书,也不一定会读完;读完了也未必能改变你的任何行为或思维。然而,《逆商》这本书不仅带给了我和我的孩子一份思索,更孵化出一股强大的改变动力。

记得今年早春的一个凌晨,我被大儿子的跨洋电话吵醒了。电话那头传来了一个有气无力的声音:"妈妈,实在对不起,我扛不住了!"我让儿子慢慢告诉我,是什么让一个意气风发的电影学院大二的学生跌倒下来,失去了前行的动力。

原来,大学的第一年课业顺利,所以孩子在第二年信心满满地继续修了16个学分,同时又接拍了六部学生片子。一下子,他的作息时间完全失控了,经常好几天不休不眠地工作,除了课业被拉下来,他的身体和情绪也低到了极点。我们母子俩讨论了许久后决定,首先完成所有参与其中的拍片工作,然后向学校申请实习一个学期,以此重新调整自己,同时在实习时继续进行实战学习。不久,孩子回到了上海。一天晚上，他在我的书桌上随手拿起了一本书问我："妈，你在读《逆商》这本书呀？"我不经意地答道："哦，妈妈正在研究逆商。"没想到孩子对我说："我也想读一下，这本书能借我吗？"就这样"逆商"开始进入了一个19岁孩子的视野。

几个星期后，儿子启程去北京实习了。我拿起了他还给我的书，看到了在"生活犹如登山：重新定义成功"这一章节里，他随手写下的一些读书笔记。

书的作者——保罗·史托兹先生把生活中的任何成长和成功都比作登山，把登山的人们分成三种：放弃者（占人群的10%），选择在山峰给予的机遇前退出；扎营者（占人群的75%~80%），选择在登峰过程中停下，躲开可能遇到的逆境；攀登者（占人群的10%），选择终生努力攀登，不断自我成长和进步。就在这里，我读到了儿子写下的一句话："我要重新成为这样的人！Ian。"他居然在短句之后，郑重地签上了自己的小名。

一个年轻人当然还不能看透人生的高低起伏，不能心领无限风光在险峰的哲理，然而冥冥之中，他被与生俱来的一股核心动力推动着，他要去攀登。可是当他急于登上一个小小山峰时，却毫无防备地被一股寒流击倒了。这时，他可以选择成为放弃者，躺下不再爬起；也可以选择成为扎营者，原地踏步地混着。可是，他在迷茫之中找到了我，希望我能"借给"他一份力量。作为母亲，我是多么幸运，我听到了孩子对我的呼唤。

我在英文原版书的第52页看到了一张图，图名翻译过来是"绝望循环"。在我看来，这张示意图把当今父母与孩子之间的负能量关系描述得淋漓尽致：当孩子在无助之际需要搀扶时，父母却用责备和更高要求让孩子感到无望；孩子的无望又坐实，并加深了孩子的无助。于是，无望与无助相互推进，互为证实。幸运的是，我的孩子在坏事件面前没有绝望，他在困难的时刻找到了我，让我帮助他从"绝望循环"中摆脱出来；更幸运的是，他遇到了一本好书，提供给他应对坏事件的方法，并给予他继续攀登的动力。而现在这本书被翻译成了中文，书名是《逆商：我们该如何应对坏事件》。

望着这个书名，我久久地沉浸在对那个早春之夜的回忆中。其实那一刻不是苦难，而是磨炼，是迎难而上的一次攀登，是考验我和孩子之间凝聚力的一次心路历程。

我从事亲子教育，我想借此机会告诉众多父母，在面对山峰时，我们的态度和作为将很大程度影响、甚至决定我们的孩子面对人生时的态度和作为。攀登就是人生，如果我们希望自己的孩子有出息，那么我们自己就要率先成为一个终生的攀登者，并把我们的抗挫能力传递给他们；如果我们希望孩子在拥有成功人生之余，还是我们的好伙伴，那么我们必须与他们一起攀登，因为只有同行才能共同体味攀登征途上的高低险阻，才能在登顶时有机会为他们鼓掌喝彩。

最后，我要感谢 Aspire 公司的陈衍慈先生，是他把一本好书送给了我，再经由我传递给了我的孩子。现在，这本好书的中译版终于可以介绍给我国的千千万万个家庭和年轻人，让众多的读者来思考，什么才是成功的正确路径。

愿成长和进步成为我们每个人的终身目标，更希望在坏事件面前，家长能带领孩子一起化挫折为动力，不断攀登。

黄静洁（妈咪 Jane）
中西合璧亲子专家、冰心奖作品《父母的格局》作者、
早期阅读推广平台"小阅迷"创办人

ADVERSITY QUOTIENT
TURNING OBSTACLES
INTO
OPPORTUNITIES | **推荐序三**

    2018年，一个又一个跨国巨头纷纷提出了大规模的裁员计划，如拜耳公司裁减1.2万人、通用公司裁减1.47万人、福特公司裁减7万人、富士康公司裁减34万人……其中大多是"世界500强"、多年的"最佳雇主品牌"企业，这些打破了许多人"只要上了好'船'就生活无忧"的信念。与此同时，曾经一路高歌猛进的新兴互联网企业开始增长乏力，变相裁员正暗潮涌动；全球经济走势受各国之间的贸易战的影响而变得扑朔迷离。我们所处的环境，已经从VUCA升级为了RUPT，即急速、莫测、矛盾、缠结。

    多数企业和商业领导者早在几年前就预判到了今天的这场经济寒潮，但对他们来说，危机的核心问题真的是经济困局吗？

    我曾和全球五大货运公司之一的中国CEO探讨过他们企业的人才竞争力。他曾在美国、欧洲、中东和泰国都担任过CEO。他谈到了货运市场未来可预测的下滑趋势："市场好有市场好的做法，市场差有市场差的对策，这些我曾经都经历过也应对过。但是，我担心的是，我们的管理者没能力执行所需要的策略。"我好奇地问他，是什么让他有此担心，他的回答让我非常难忘。"我去了那么多国家，从

ADVERSITY QUOTIENT
TURNING OBSTACLES INTO OPPORTUNITIES

逆商
我们该如何应对坏事件

来没有见过一个地方做生意如此容易。就像我只要打开窗口伸出手，就会有订单掉进我的手里，"他有点苦笑地说，"现在要求他们稍微加点业绩指标，就好像要了他们的命一样。"这段对话发生在2016年。

近几年，类似这样的对话数不胜数。结论都只有一个：对企业来说，真正的问题不在于经济困局，而是习惯了"顺风顺水"的经理人和员工是否有能力执行商业逆境时的高难度策略。

我出生于20世纪60年代的香港，在新加坡和美国求学和工作过，曾经历过几个经济高速发展的周期。在20世纪90年代的香港，商业世界遍地黄金，只要与商业潮流匹配的生意，不可能找不到客户；同时，创业潮铺天盖地，好像一年不翻个十倍就不入流。人才市场上，各大公司求贤若渴，导致大学毕业生最大的"苦恼"是在众多选择中选一条性价比最高的"船"。每个有房产的家庭因为地价暴涨，都觉得就算没工作也不会有问题。而在工作中"多一事不如少一事""吃老本就够了"的心态比比皆是；那些愿意"挑战自我""多做一点""负责担当"在那个时代都被取笑为"笨小孩"。

受1998年亚洲金融危机的影响，香港失业率大幅上升。大部分有房产的人突然变成负资产，大学毕业生几年找不到工作，很多跨国公司"连根拔起"转移到了其他产能性价比更高的国家，所有员工都被告知，不陪公司迁移就自动接受遣散。巨变突如其来，无论是企业还是个人，大多都猝不及防，毫无防备。这真正印证了巴菲特的那句话："当大浪退去时，我们才知道谁在裸泳。"

那个时候的我也在面对一些逆境，所以也在读你手中的这本《逆商》的英文原版书。我发现，书中的攀登者就是我之前提到的"笨小孩"，而那些"吃老本就够了"的人就如书中的扎营者。几年后，让我惊讶的是那些攀登者都在逆境中有了更强大的力量，无论是振作精神找工作，或转行重新开始，或创业挑战新市场，他们很快就找到了新的方向。而那些扎营者却很难恢复过来。有的几年找不到工作，有的失去了信心随便找一份没什么前景的工作，甚至有人因为事业的困难影响到家庭生活。

逆境本身并不可怕，如何面对逆境却决定了一个人的人生走向。

这些年，在我和各类企业合作变革、领导力与文化转型项目的时候，越来越意识到逆商对于商业成功的重要性。所以，2016 年，我决定将逆商培训引进国内。

我还清楚记得和史托兹博士在美国加州初次见面，虽然之前邮件往来很久，但那次见面还是让我非常惊喜，博士一点也没有"大人物"的高姿态，反而非常和蔼、谦逊。几天的会议下来，博士的精进、专注、热忱和使命感更是给我留下了深刻的印象。他毕生研究的课题聚焦在逆商和坚毅力上，并为此成立了研究院，产出 1500 多份研究报告。而他一直没有选择急于将研究成果广泛商业化。迄今为止，我们 Aspire 公司是史托兹博士在全球的第五家合作伙伴，提供正版的逆商测评、课程和咨询服务。史托兹博士也坦言，有很多中国的咨询公司曾经联系过他，希望将逆商培训引进中国，为他创造巨额收入，但是他都拒绝了。他希望自己能继续致力于研究和推进这两个课题，而不是将它们进行商业转化，之所以选择 Aspire 公司，是因为他看到了同样的价值观和使命感，相信我们能在商业转化过程中保持卓越的标准，不忘初心。能得到博士的青睐，我备感荣幸。

逆商，它不仅仅是一个概念，而且是一门新科学，配以系统化的方法和工具，来真正改善个人、团队和企业的抗挫折能力。在引进逆商项目的两年时间里，很多大型跨国企业（如强生、拜耳、巴斯夫、联合利华、大陆集团、佛吉亚）和我国民营企业（如腾讯、京东等），开始使用逆商课程和方法论，它们用逆商重塑企业文化、提升逆境中的领导力效能、改善全员抗压力，等等。我们很惊喜地发现，当组织和个人开始意识到逆商的重要性，开始关注并觉察自己的逆境反应时，他们的逆商就已经开始在提升了。有的团队在使用了一些逆商提升工具后有了显著的业绩提升。目前，逆商发展项目的不同产品线也在进一步更新与迭代。我相信，无论是处于顺境还是逆境，任何组织或个人都需要具备这项技能来抵御逆境，克服逆境，超越逆境。

2018年末的这个"寒冬"，我们迎来本书的更新出版。无论这一年的你经历了什么，从阅读本书的这一刻起，你已经开始在拓展自己的才能，开始有意识地去准备迎接不确定的未来，开始在你的家庭生活、亲子教育、职业发展和个人成就等各方面创造新的可能性，勇敢地将接下来遇到的每一个逆境转化为人生的机遇和成长的燃料，不断成就更好的自己。

陈衍慈（Lyric Chan）

上海启境企业管理咨询有限公司（Aspire）创始人、首席顾问

ADVERSITY QUOTIENT
TURNING OBSTACLES
INTO
OPPORTUNITIES | 中文版前言

如果你、你的团队、你的组织甚至是你的亲人想要更快、更好地应对日常的机遇和挑战，那么我写的这本《逆商》就非常适合你们。在重新推出的这一版本中，你们会看到那些顶尖的企业、卓越的领袖、倾力付出的父母、开拓进取的教育者、有洞察力的研究人员、努力学习的学生以及各年龄层的有志之士，他们所认为的能实现可持续成功的全球最佳实践，也就是将逆境转化为机遇和竞争优势。

在过去的32年里，我执掌一家全球性咨询和学习发展咨询机构——PEAK Learning。鉴于诸如复杂性、混乱、不确定性、快速变化、各种需求、变革、破坏、焦虑和紧张等的进一步加剧的全球趋势，逆商[①]从未像现在这样重要、实用、有效和影响深远。想要在这样一个世界里蓬勃发展，你就应该好好利用这本书里的内容。

我非常荣幸也很激动得以见证，逆商理论在全世界尤其在中国得以迅速传播，并与我们的独家官方授权合作伙伴上海启境企业管理咨询有限公司（Aspire）一

[①] 这个词泛指与逆商相关的系统性学说或知识体系，包括相关的理论、方法论、测量工具等。——译者注

起诚心诚意地把关于逆商的最新、最好的测量标准、方法、项目和工具带给中国的众多企业、团队和个人。

这是一段奇妙之旅。逆商理论的持续发展不断激励着我。而且，自1979年我的最初研究成果发表以及1997年这本书的出版以来，逆商理论得到了广泛的认可和应用，这让我受宠若惊。

以下便是逆商之所以越来越受到重视的原因。

趋势使然

你通常一天会遇到多少大大小小的难题？从最轻微的挫折到最惨烈的悲剧都算上。我和我的研究团队在1991年开始收集这个问题的答案时发现平均数量是三个。如今，这个问题的全球平均答案数是32个，而且这一数字还在上升。

在大多数社会里，深受焦虑、无助、失眠、抑郁甚至是自杀倾向之苦的人数持续攀升，其中就包括中国、印度、巴西、印度尼西亚等人口大国。

这些发展趋势不仅影响了我们的感受，还影响了我们在家里、在学校、在工作中的表现。也许正因为如此，当我们向来自五大洲各行各业的50万个用人单位询问它们倾向于雇用A类人（完全符合职位要求的低逆商人士）还是B类人（履历明显有不足的高逆商人士）时，98%的用人单位都会选择B类人。实际上，这些单位在决定要雇用、留用、晋升和培养哪些人时，逆商都是它们最重要的考量因素。

逆商的科学有效性

1997年，我们用逆商测评（the Adversity Response Profile）1.2版，对近5000人的逆商进行了测评。如今，经过不断的完善和更新，我们将该测评工具更新到了10.0版，而且用它对137个国家的100多万不同年龄和种族的个人进行了逆商评估。

逆商这一测评工具和方法从未像现在这样可靠、有效、可证和可信。我们与康奈尔大学、波士顿学院、美国教育考试服务中心以及麻省理工学院的研究人员进行的独立研究表明，逆商及其 CORE 四维度就算不能预示和推动以下内容，也与其息息相关：

韧性、绩效、生产力、幸福感、生命意义、活力、问题解决、创新、敏锐度、才能、目标实现、健康、记忆力、晋升、财富、成就、抱负、努力程度、人际关系、步调、心态和生活质量。

简言之，逆商会对上述因素产生影响并有可能加强和充实这些因素，从而让你和你的团队、家庭以及企业更加幸福，更有成就，拥有更好的竞争力、绩效、寿命和成功。

哈佛大学、麻省理工学院、卡内基梅隆大学和其他机构对逆商的重视

你会惊喜地发现，世界上最聪明的人和顶尖的机构都选择了逆商作为培训项目。在过去十几年里，哈佛大学商学院在其一流的 MBA 和高管教育项目中纳入了逆商理论。最近，在其最新的项目中，也将逆商当作服务的核心内容，提供给了全世界上百万名经理人。

麻省理工学院在其优选的全球性企业家项目中，选择用逆商来筛选申请者和培养项目参与者。

卡内基梅隆大学则把逆商当作教学的核心内容，提供给全球领袖项目中那些赫赫有名的高管们。

我也有幸能在康奈尔大学、普林斯顿大学、欧洲工商管理学院、斯坦福大学以及世界其他许多高等教育机构教授逆商的相关知识。一批批学员也让我的全球团队获益良多，并进一步推动了逆商理论的发展。

ADVERSITY QUOTIENT
TURNING OBSTACLES
INTO
OPPORTUNITIES

逆商
我们该如何应对坏事件

很多人会问:"逆商在教育领域运用得怎么样了?"这就是为什么PEAK会跟世界顶尖的教育公司培生集团(Pearson)合作,把逆商(AQ®)和我们最新的坚毅力(GRIT®)引入高等教育领域,从而让学生在校园内外都能发展得更好。能够把我们的工作成果引入这一领域,让我感到万分激动。

CORE® 升级

同时,我们的研究也有了一些新的突破,因此,我很高兴地宣布,我们能够升级你的 CORE 维度了。更确切地说,本书英文版所阐释和使用的 CORE 四维度(CO_2RE)在本书中得以改进,升级为更可靠、更简单的 CORE。

故事和案例

为了使你当下遇到的新挑战展示出丰富甚至是令人震撼的对比效果,本书中的故事和案例基于初版中的逆商故事和模型。理想的情况是,通过了解那些年里发生的变化,你可以更好地预测未来会发生什么。而且,借助本书中的工具,你可以更好地武装自己以应对未来即将发生的事情。

从我开始研究逆商以来,世界发生了巨大的变化,各种现实问题和难题也在疯狂加剧。但是逆商这门科学本身的追求和意义依然如故。你不妨运用这些原理和工具,让自己成为更好的自己,活出自我,更好地引领身边的人。

最后,我衷心希望你们会喜欢并仔细阅读这本书,利用逆商的知识创造精彩的未来。

让我们一起奋力攀登吧!

ADVERSITY QUOTIENT
TURNING OBSTACLES INTO OPPORTUNITIES | 目录

第一部分　在逆境中领悟人生的真谛 // 1

第1章　人生就是在攀越一个又一个逆境 // 3

生活犹如登山：重新定义成功 // 5

关于人类效能的根本问题 // 6

什么是逆商 // 7

向成功攀登 // 14

逆境困局 // 28

成功之树 // 29

逆商 // 34

第2章　我们身处逆境时代 // 37

逆境的三个层次 // 38

逆境的累积效应 // 44

登顶途中的四条危险岔道 // 47

更为保险的道路 // 54

第 3 章 构成逆商的三大支柱 // 55

支柱一：认知心理学 // 55

支柱二：健康新论 // 74

支柱三：脑科学 // 78

第 4 章 逆商和攀越逆境的能力 // 85

逆商的 CORE 四维度 // 88

了解你的逆商并采取行动 // 94

第二部分　提高自己、他人和组织的逆商 // 97

第 5 章 提高你的逆商和攀登能力的 LEAD 工具 // 99

实践证明 // 101

这些技巧从何而来 // 103

LEAD 工具如何发挥作用以及为何管用 // 105

攀越逆境的技巧 // 107

LEAD 工具的应用 // 127

引导自己抵抗重大挫折 // 129

障碍物 // 132

第 6 章　停止灾难化 // 135

心中的野火 // 137

止念法和 LEAD 工具 // 148

第 7 章　提高他人的逆商和攀登能力 // 149

用 LEAD 工具引导朋友 // 150

引导他人的本质 // 156

重新思考领导者的角色 // 160

用 LEAD 工具引导一位同事 // 161

用 LEAD 工具引导你的孩子学会担当 // 170

用 LEAD 工具引导他人的潜在益处 // 175

第 8 章　高逆商组织：打造攀登者文化 // 179

运用逆商的好时机 // 183

逆商和变革 // 184

领导者面临的挑战 // 187

组织的逆商 // 188

逆商对组织成功所发挥的作用 // 193

创建高逆商组织过程中的障碍 // 200

课后生活：哪里出了错 // 207

攀登型组织 // 210

工作中的逆商 // 219

第 9 章　攀登者的底色 // 223

为何多数学习会以失败告终：豪威尔的能力水平五阶段 // 224

影响成功的两个因素 // 227

你会有何收获 // 227

强化攀登者 // 229

逆商的更大益处 // 229

附　录　测测你的逆境强度 // 235

01 Adversity Quotient
Turning Obstacles into Opportunities

第一部分

在逆境中领悟人生的真谛

ADVERSITY QUOTIENT
TURNING OBSTACLES INTO OPPORTUNITIES

第1章

人生就是在攀越一个又一个逆境

> 人的内心深处存在着一些沉睡的力量。人们会为之惊叹，却从未想象自己会拥有。这些力量一旦被唤醒并付诸行动，生活就会被彻底改变。
>
> 奥里森·马登（Orison Marden）

这是一个车库①大小的地方，是一个由岩石和冰块砌成的险峻宝座，距海平面将近6英里②，高耸入云。在高空急流层之上，在大多数客机的飞行高度之上，就是"万山之山"珠穆朗玛峰的峰顶。

---

① 大约20平方米。——译者注
② 1英里≈1.61千米。2005年我国最新测得的珠峰高度为8844.43米。——译者注

ADVERSITY QUOTIENT
TURNING OBSTACLES
INTO
OPPORTUNITIES

逆商
我们该如何应对坏事件

这里是地球上离星辰最近的地方，气势雄伟，极难攀登，吸引了众多登山者前来挑战。但想要登顶的人却无法保证他们一定会成功，他们中只有七分之一的人能成功。峰顶附近的风速达到 100 英里 / 小时，极度严寒，而且能见度为零。每个登山者都被折磨得死去活来，最终敌不过身体衰弱的结局。在海拔 18 000 英尺①之上，一旦受伤，伤口就无法愈合，体力会耗损得很严重，而且空气非常干燥，一咳嗽就会震碎肋骨。攀越这样的高峰是对一个人的终极考验。

1996 年 5 月 10 日星期五，来自五支探险队的 31 名登山者成功登顶珠峰。突然，一阵猛烈的风暴席卷而来，让很多登山者陷入困境。数小时后，一些人得以生还，另一些则遇难。在遇难的人中，有一个来自华盛顿州兰顿市的叫作道格·汉森（Doug Hanson）的邮政人员。当风暴袭来时，汉森立刻躺下来。在下山途中躺下是极其危险的，没几个人能再爬起来。在那样一个极寒之夜，汉森因无法扛下去而离开了人世。

身处山中险境的并非只有汉森。另一位登山者贝克·威瑟斯（Beck Weathers）也倒在雪中不省人事。夜里，一支救援队找到威瑟斯，觉得他肯定是无法救活了。夜太黑，路太险，威瑟斯又离得太远。

然而，数小时后，威瑟斯激发了自己内心深处的某种力量，在严酷的环境中醒来，从而将自己从冰冷的厄运中拯救出来。据《新闻周刊》（*Newsweek*）报道，威瑟斯说："我当时躺在冰上。你根本想象不出来有多冷。我的右手手套不见了，我的手看上去像是塑料做的。"

威瑟斯完全有理由放弃。他同珠穆朗玛峰较量，然后输了。他缺少补给，脱离队伍，没有避难之所，毫无生还的机会。但是，在死亡面前，威瑟斯下定决心去与这座巨峰对抗——这比他之前攀登过的山峰都要大。冰冷、疲惫、孤单、奋

---

① 1 英尺 ≈ 0.305 米。——译者注

奄一息。威瑟斯必须想办法动一动，竭尽全力站起来，然后穿越危险的山路回到大本营——那是白茫茫一片中的一个小点。一种强烈的使命感促使他行动起来。他说："躺在雪里的时候，老婆、孩子的脸清晰地浮现在我眼前。我意识到自己可能还有三四个小时可活，于是就强迫自己蹒跚向前。"对威瑟斯而言，接下来的几个小时就像几个世纪一样漫长。他知道，一旦停下来休息就肯定会死，所以他不断想办法让自己继续前进。

天慢慢亮了起来，威瑟斯偶然发现一块"蓝色石头"。万幸，那是一顶帐篷。他的队友把他拖进去。他的衣服都结冰了，他们就只能把他的衣服剪开。他们把一个热水壶放在他的胸前并给他输氧。谁也没想到威瑟斯还能生还。风暴引发了意外的灾难，比他更擅长登山的人都遇难了，就连斯科特·费舍尔（Scott Fischer）这样举世闻名的登山向导也不例外。

当时，威瑟斯的妻子已经收到丈夫去世的消息，但数小时后却发现他还活着。没人知道，在威瑟斯的内心，究竟是什么样的东西支撑着他在如此艰险的逆境中存活下来，而其他那么多人却都死了。

换作你，你能活下来吗？

生活犹如登山：重新定义成功

生活犹如登山。只有不懈地努力攀登才能获取登顶时的那种满足感，即使攀登的过程时而缓慢，时而痛苦。

登山是一种无法形容的体验，只有同行者才能理解和共享。安心、满足和疲惫之中还夹杂着一种愉悦和平静的感觉，如山顶的空气那般稀薄。只有登山者才能尝到那种美妙的成功滋味。待在帐篷里的人或许会感到满足、暖和、安全，但是他们是感觉不到人生的意义的，也无法活出自我，无法感受到那种发自内心的骄傲和喜悦。

由此可见，关于成功的定义应该是：不畏艰难险阻或其他逆境而努力前进和攀登，去履行一生的使命。

关于人类效能的根本问题

为什么有的人能坚持下来，而其他人则功亏一篑，甚至是放弃呢？本书根据科学研究成果，解答了人类和组织效能的最根本问题。这一问题有以下几种形式：

- 为什么有的组织在竞争中发展壮大，而其他的组织则轰然崩塌？
- 为什么某个企业家能战胜难以克服的困境，而其他的企业家则放弃了？
- 为什么有些父母能把四周充斥着暴力和毒品的孩子教育成好公民？
- 为什么某个人能战胜厄运、摆脱受虐待的童年，而多数人则做不到？
- 为什么某个老师能对学生产生积极影响，而其他老师几乎做不到？
- 为什么某位被解雇的航空公司经理会绝地反击，从而改写了自己的命运，而与她情况类似的人却陷入恐慌和绝望中？
- 为什么那么多天赋过人或高智商的人远远未发挥出自己的潜能？

每天我们都能看到像贝克·威瑟斯这样的人，他们在看似不可克服的难题面前，却仍然设法继续前进，而其他人被一大堆接踵而至的变故打倒。这些人却总能重振旗鼓，突出重围，一路下来，不仅技艺增进，还提升了能力。可见，逆境并不是不可逾越的障碍。逆境是一种挑战，而挑战意味着机会，而无论什么样的机会，我们都应当好好把握。变故也算是人生旅途中一段颇受人们欢迎的路程。

如果你也能像贝克·威瑟斯一样，会进行绝地反击，并在成功无望之际仍不言放弃，设法继续前行的话，那么本书会向你解释为何你会如此。这是一种很重要的素质，它能促成你更大的成功，并切实能帮助你增强你的领导能力。

可惜，大多数人在面对生活的挑战时，在尚未达到自己的极限或竭尽全力之前，便中途放弃了。如果你曾经中途放弃，那么这本书会告诉你为何会如此。更重要的是，本书会阐明如何才能不断提高应对挫折的能力。

第 1 章
人生就是在攀越一个又一个逆境

而有些人尚未付出就直接放弃了。要是你觉得自己属于这类人,那么这本书也适合你。本书会赋予你新的见解和工具,来加强你的勇气,使你重振旗鼓。

> 懂得如何应对负面情况比设法拥有"正面心态"重要得多。
>
> 马丁·塞利格曼(Martin Seligman)
> 《活出最乐观的自己》(*Learned Optimism*)作者

什么是逆商

本书的论述是基于众多顶尖学者的重大研究调查以及全球范围内超过 500 份的研究报告。本书不仅借鉴了认知心理学、心理神经免疫学和神经生理学三大学科知识,还包含了各种实践观的两大基本组成部分——科学理论和实际应用。本书介绍的概念和工具都是经过世界各类组织中成千上万人多年的实践检验的。你将从中了解到他们所面临的挑战以及所获得的成功。

经过 19 年的研究和 10 年的应用,我们对于成功要义的认知取得了很大的突破。你在工作和生活中的成就主要取决于你的逆商:

- 逆商能反映出你抵御逆境和战胜逆境的能力如何;
- 通过逆商,能判断出谁会战胜逆境,谁会被压垮;
- 通过逆商,能看出谁会超常发挥、超越潜能,谁会无能为力;
- 通过逆商,能看出谁会放弃,谁会获胜。

而逆商会以下面三种形式呈现出来。

第一,逆商作为一种新的概念框架,用于理解和提升成功的各个因素。逆商是基于大量的具有里程碑意义的研究结果,形成一套新颖实用的知识组合,从而重新定义了成功的要诀。

第二，逆商作为一系列衡量方法，用于评估人们应对逆境的反应模式。这些潜意识的行为模式如果不受抑制就会伴随你一生。如今，人们第一次可以衡量、了解并改变这些反应模式。

第三，逆商作为一种具有科学依据的工具，用于改善人们应对逆境的模式，最终全面提升个人效能和职业效能。本书将介绍这些技能，并指导人们如何将之运用于自身、他人及其所属组织中。

结合上述，逆商的这三种呈现形式——新的知识框架、衡量方法、实践工具，形成了一套完整的体系。通过此体系，人们可以去了解和改善日常的基本模式，培养自己的抗逆力（参见图1-1）。

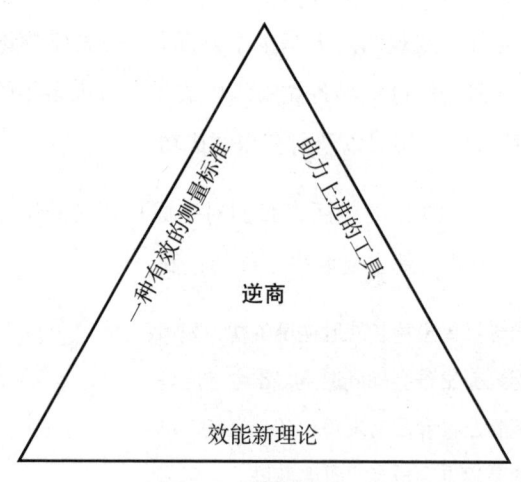

图 1-1　逆商的定义

超越个人

逆商始于个人，却超越个人。本书所介绍的理论、衡量方法和工具同样可以用于提升以下方面的效能：

- 团队；
- 人际关系；
- 家庭；
- 组织；
- 社区；
- 文化；
- 社会。

正如你所看到的，逆商在家庭、人际关系和组织中的运用已趋于成熟（见表1-1）。我们将在第8章中列出创建高逆商组织或攀登文化所必备的知识和工具。逆商不仅能增强领导效能，同时还能提升下属的效能。在这个重权力轻责任的时代，逆商重新定义了担当力以及如何对事情负责。

表 1-1　　　　　　　逆商在家庭、人际关系和组织中的运用

绩效	情绪健康
动力	身体健康
赋能	毅力
创造力	韧性
生产力	持续进步
学习能力	态度
能量	寿命
希望	应变力
幸福、活力和快乐	

组织中的逆商

获得成功的其他要素都是以逆商为基础的。以下涉及众多行业的数十家组织，如雅培公司、凯巴布国家森林公园（Kaibab National Forest）、勃林格殷格翰医药

公司（Boehringer Ingelheim）、戈尔公司（W.L. Gore & Associates）[①]、德勤会计师事务所（Deloitte & Touche LLP）、明尼苏达电力公司（Minnesota Power）、ADC电信公司（ADC Telecommunications）和美国西部公司（U.S. West），以及我的很多其他客户跟我本人都证实了逆商较高的人具有更多的优势。例如，与逆商较低的人相比，他们在绩效、生产力、创造力、健康、毅力、韧性和活力方面更胜一筹。

莫特公司（Mott's）的领导者们发现，从逆商可以判断出人们是如何应变的；在第一数据公司（First Data Corporation），我和该公司的一些领导通过逆商测试，来了解谁会战胜逆境，谁会崩溃倒下；而在德勤会计师事务所，它们则通过逆商来判断谁会超常发挥，谁会无能为力，并运用逆商理论来指导和培养专业人员，使之能够应对日益增长的客户需求；明尼苏达电力公司通过逆商理论来帮助其领导者突破改革难题，缩短昂贵的转型周期，加快改革的步伐；ADC电信公司凭借逆商理论的助力，在瞬息万变的市场中获得了竞争优势，让其销售主管们能够在困境中坚持下去，从而使公司的销售额涨幅始终保持在两位数；而某一蓬勃发展的学区利用逆商理论来培养教师的韧性和毅力，让其教学更有意义目标感；凯巴布国家森林公园通过逆商培训，让其员工和领导者都做好应对实现宏伟目标过程中的艰难困苦的准备；马里科帕社区大学（Maricopa Community College）利用逆商理论，让其员工在"事半功倍"原则的指导下获得成功；一个位于高海拔地区的奥林匹克训练基地，用逆商理论来判断游泳选手从挫折或失败中振作起来的能力。总之，逆商理论可以用来帮助个人增强应对日常挑战的能力，并在任何困难面前都能始终坚持自己的原则和梦想。

逆商在自我领导和领导他人中的作用

领导力源自内心深处。接下来，你将学到关于如何在逆境中生存下去，并得

[①] 戈尔特克斯面料（Gore-Tex）的制造商。——译者注

以蓬勃发展的新知识，从而深化你的逆商学习之旅。

当然，作为领导者，就少不了追随者。尤其是在这个喧闹多变的时代，领导者仅仅做到引领还不够，还要肩负起让追随者具备一同共渡难关的能力的责任来。在以下章节中，我会为你提供用于测量和强化这种能力的基本知识、工具和策略。

另外，你还将学到如何构建一个韧性更强、灵活度更高和绩效更好的组织。在第 8 章中，我会教你如何打造高逆商的攀登文化。

责任与义务

父母、领导者、团队成员等常常会为以下两个问题感到困惑：

1. 为什么有些人不愿担责解决问题，也不愿意为自己的行为负责？
2. 如何将这种责任意识灌输给他人？

如果你对自己或他人也有以上疑问的话，那么这本书将教你如何具有担当力和责任感。

世界通用的预测成功指标：逆商、智商和情商

那些传统的预测成功的指标早已失灵。毫无疑问，在生活中，有的人天赋异禀；有的人智商超群、体能极佳，拥有体贴的家人、强大的伙伴和无限的资源；而有的人却天资平平、一无所有。但就算是手握人生的一手"好牌"，那为什么还是有许多天赋很好的人无法发挥出其潜能，与成功失之交臂。而那些手握一手"烂牌"、看似根本无法成功的人却不甘于命运的捉弄，努力与命运抗争，逆袭成功，让人出乎意料呢？这其中涉及一个关于成功的关键问题。

智商不足以让人取得成功。大众对于智商这种传统测量指标的看法早已过时了。长期以来，智商这种受基因影响、科学测量的资质，被家长、老师和企业视为成功的决定性判断指标。然而，拥有高智商并未能发挥出潜能的人比比皆是。

我们常常看到，与天资平庸的人相比，聪明的人做出的贡献反倒少得多。

这里，让我们举一个关于泰德·卡辛斯基（Ted Kaczynski）的极端例子。

> 泰德·卡辛斯基被联邦调查局称为"大学航空炸弹怪客（Unabomber）[①]"。各种迹象表明，卡辛斯基拥有卓尔不群的智商：他是个神童，在高中时直接跳级，不用读高三；16岁上哈佛大学，20岁大学毕业；紧接着在密歇根大学完成数学硕士和博士课程，然后在世界一流的数学系——加州大学伯克利分校数学系任教。教书算是卡辛斯基为社会做出的最有益的贡献了。然而两年后，他却辞去教职。
>
> 可惜，卡辛斯基所受的教育只开发了他的智力，却从未培养他的社交能力，或者说情商。整个学生时代，他几乎是隐形的，不与任何人交往，也没有和任何人建立持久的人际关系。"泰德非常善于避免人际交往，总是快步穿过人群，然后猛地把门关上。"卡辛斯基的一位大学室友帕特里克·麦金托什（Patrick McIntosh）如此说道。蒙大拿州的居民说他与社会脱节。在大学里，他有个绰号叫"哈佛的隐士"。
>
> 虽然卡辛斯基足智多谋，据说他研制并放置了炸弹，同时还规避了法律风险，但他却是个社交白痴。他没有好好地利用自己的才能——智力——来造福世界，反而借此杀死3人、弄伤22人。显然，智商并不能用来预测成功。

重新定义智商。在畅销书《情商》（*Emotional Intelligence*）中，作者丹尼尔·戈尔曼（Daniel Goleman）颇有见地地解释了为什么有些高智商的人举步维

[①] "Unabomber"一词是由"University""Airline""Bomber"三个英文单词缩写组成的词，译为"大学航空炸弹怪客"。——译者注

艰,而很多智商一般的人却飞黄腾达。对于智商,戈尔曼提出了一个具有科学依据且含义更广的见解,强有力地证明了除了智商,我们每个人还要拥有情商。情商——这仍是一个假设性的衡量因素——反映出一个人体恤他人、延迟满足感、控制冲动、自我觉知、坚持不懈和与他人有效交流的能力。戈尔曼通过若干例子有力地证明了在生活中情商比智商更重要。然而,就像并非人人都能充分发挥智商的作用,也不是所有人都能充分地运用情商,就算掌握重要技能也无法发挥出潜能。情商仍是难以捉摸的,因为情商缺乏有效的测量方法,也没有明确的学习方法。

有些人拥有高智商,情商也不错,却仍然无法发挥出其潜能。智商和情商似乎都无法决定成败。尽管如此,两者也都在某种程度上发挥着应有的作用,但依然还是引出以下这个问题:为何在同等聪明且适应力强的人中,有些人能坚持到底,有些人却停滞不前,甚至有些人直接放弃?也许逆商能给出答案(参见图 1-2)。

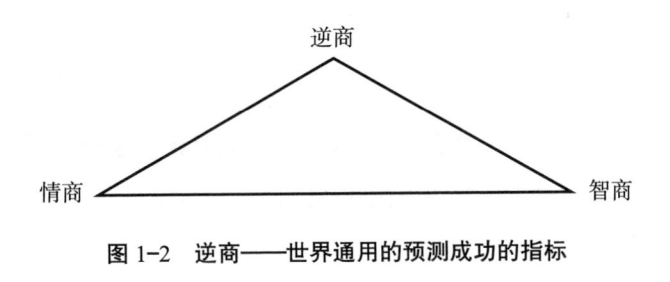

图 1-2 逆商——世界通用的预测成功的指标

想要了解逆商是如何在别人撤退的地方助你继续攀登的,那我们首先要更精准地界定山峰以及面对登山挑战所产生的三种反应。

ADVERSITY QUOTIENT
TURNING OBSTACLES INTO OPPORTUNITIES
逆商
我们该如何应对坏事件

向成功攀登

> 登顶前不要估量山有多高。登顶后你就知道这山是多么的矮小。
>
> 达格·哈马舍尔德（Dag Hammarskjold）

我们人类与生俱来就具有向上攀登的核心动力。攀登，既不是以莲花坐的姿势有条不紊地唱念着经文飘入云端；也不是在企业中获得擢升，在山上买房或积累财富。虽说这些可能都是人们在攀登过程中获得的奖赏，但我这里所说的是最具广泛意义上的攀登——无论目的为何，都在生活中不断推动自己的目标向前。不管攀登是为了赢得市场份额、获得更好的成绩、改善人际关系、把事情做得更好、完成一项学业、养育优秀的孩子、与上帝靠得更近，还是为了在这个星球上短暂停留的期间做出有意义的贡献，这一动力都是极为重要的。成功人士会始终如一地、动力十足地去奋斗、前进，去实现目标和成就梦想。

攀登：人类的核心动力

人类攀登的核心动力体现了我们本能地与时间赛跑，在我们所拥有的短暂时间内尽可能地完成更多的使命（书面的或隐含的）。无论你是否拥有正式的目标宣言，你都会感觉到这种动力的存在。如果你不相信，那不妨看看那些奇迹般战胜癌症或死里逃生的人所经历的事情。他们会迅速重新评估生命和"真正重要的事"，通常会带来其行为上的深刻转变。这些人将新获得的能量投入到生活中的重要事情上，也就是与他们的目标息息相关的事情上。

另外，攀登不只是个人行为，每个组织和团队想走得更远。可见，企业所实施的全面质量优化、促进增长、调整组织架构、重组业务流程、挖掘多元人力的潜能、缩短周期时间、消除浪费和加强创新等举措，都是为了攀登一座有雪崩危险、气候条件恶劣、暗藏冰隙裂口的山峰。

如果人人都拥有攀登这一核心动力，那么为什么我们并没有看到山顶上挤满了登顶者而山脚下空无一人呢？为什么实际情况却与此完全相反呢？

要回答这个问题，我们就要分析一下在登山过程中遇到的三类人。这三类人对于攀登会有截然不同的反应，因此他们在生活中享受到的成功和喜悦的程度也不同。我们很容易在组织中、在交往对象中、在高中同学聚会上、在孩子的学校里、在新闻里——在各行各业里辨识这些人。

放弃者

毫无疑问，很多人会选择退出、逃避、变卦或放弃，他们是放弃者。他们放弃攀登，拒绝山峰给予的机遇，无视、掩藏或抛弃人类向上攀登的核心动力以及随之而来的许多生命馈赠。

扎营者

第二类人是扎营者。这些人只能走那么远，然后就说："我最多就能走（或想走）这么远了。"他们不想登山了，于是停下来，找到一个平稳舒适的高地，躲开逆境。他们决定在那里度过余生。

与放弃者不同，扎营者至少还接受了攀登的挑战，并获得了一席之地。他们的旅途可能很轻松，或是他们牺牲了很多，或者也为之拼搏过。他们完成的这部分攀登过程可能在一些人眼中就算是"成功"了，就算取得了最终的胜利。这是对于成功的常见误解，认为成功是一个特定的终点而不是一段旅程。虽然扎营者可能成功抵达营地，但若不继续攀登就无法保持既有的成功。攀登的意义在于终生的自我成长和进步。

> 去奋斗，去追求，去发现，不要放弃。
>
> 丁尼生（Tennyson）

攀登者

我把终生努力攀登的人称为攀登者。无论背景如何，不管优势或劣势、厄运或好运，他们一直在攀登。他们是登山的劲量兔子（Energizer Bunnies）。攀登者认为，凡事皆有可能，从不允许年龄、性别、种族、身心疾病或其他任何因素阻挡攀登的道路。

放弃者、扎营者和攀登者的生活方式

很显然，放弃者过的是妥协让步的生活。他们放弃了自己的梦想，并选择了他们眼中更为平坦和轻松的道路。当然，说来讽刺，随着生命慢慢流逝，放弃者遭受的痛苦会比当初试图通过停止攀登来回避的痛苦要深刻得多。无疑，他们回首惨淡一生的时候会极其痛苦。这就是放弃者的命运。

> 在所有伤感的语言或文字中，
> 最伤感的是："原本可能做到！"
>
> 约翰·格林里夫·惠蒂尔（John Greenleaf Whittier），
> 《莫德·穆勒》（*Maud Muller*），1856，诗节 53

于是，放弃者常常觉得苦涩、沮丧、情感麻木。否则他们可能就会发疯、挫败，愤怒地攻击周围世界，憎恨那些攀登的人。放弃者通常会严重滥用物质。不管是依赖酒精、毒品或是沉溺于无聊的电视节目，他们都是想寻求致幻、麻木的逃避之法。

第 1 章
人生就是在攀越一个又一个逆境

《要事第一》(First Things First)一书的作者史蒂芬·柯维(Stephen Covey)、罗杰·梅里尔(Roger Merrill)和丽贝卡·梅里尔(Rebecca Merrill)阐述了高效能人士是如何利用时间的——他们通常是把时间用在重要(也就是与目标有关)却不紧急的事情上。低效能人士则沉溺于无意义却吸引人的浪费时间之事。这些人往往都是放弃者。放弃者有意或无意地逃避登山并且忽视自己在生活中的全部潜能。

不必等到生命终结你就能知道,最害怕死亡的是那些知道自己从未真正活过的人。

> 啊!到生命终结时才意识到自己从未活过。
>
> 亨利·大卫·梭罗(Henry David Thoreau)

与放弃者一样,扎营者也过着妥协让步的生活。两者的区别在于程度。他们厌倦登山了,于是就说:"这样已经够好了。"浑然不知自己会为此付出的代价。扎营者以为可以维持现状,而且为此就不去做可能做到的事。他们或许对这桩看似合算的买卖相当满意。他们普遍认为,停下来享受自己的劳动果实是合情合理的,或者说得更准确一些,是停下来享受已完成的那部分攀登过程带来的美景和舒适。

支起营帐后,扎营者常常会努力用物质填满帐篷,尽可能过得舒适些。扎营者用尽精力和资源来把营地变得舒适,于是放弃了合理运用这些精力和资源可能带来的进步。

我们从未听过有人将成功定义为舒适,但是看到很多人确实是这样想的,好像这是他们的终极目标一样。这些人就是扎营者。扎营者打造出一个"舒适的监狱"——这个地方太安逸了,让人不敢冒险离开。在这里,生活不能呈现所有可能的状态,只是足够好而已。我见过太多的扎营者,而且在我担任顾问的组织里常能见到这样舒适的监狱。扎营者工作体面，待遇优厚。然而，他们充满活力、学习力、成长力和创造力的时期早已飘然远去。他们的生活显得很轻松，他们知道该期待什么，痛苦的时光早已逝去，唯一的烦恼就是痛苦地发现自己的很多梦想未能实现便消散了，而且也会担心因周边持续不断的变化会对营地产生威胁。

扎营者易于满足。他们觉得够好就行了，不愿继续奋斗。按照心理学家亚伯拉罕·马斯洛（Abraham Maslow）的需求层次理论（见图 1-3），扎营者成功实现了自己的基本需求——食物、水、安全、住所甚至是归属感。他们已迈过山脚。扎营则表示他们牺牲掉了马斯洛需求层次的最顶层——自我实现，也就是放弃登顶——从而坚守他们所拥有的。于是，扎营者会在很大程度上被舒适和恐惧所驱动。他们担心会失去营地，他们寻求安逸的小营地所给予的舒适。

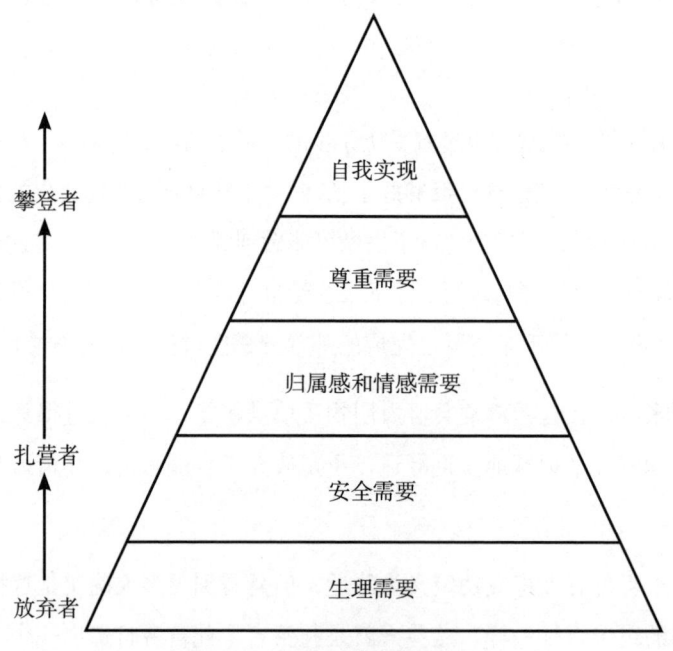

图 1-3　马斯洛的需求层次理论

在这三类人中，只有攀登者没有虚度人生。他们对于自己所做的事情怀有强烈的使命感和热情。他们知道如何体验喜悦，把喜悦看作登山过程中收获的礼物和奖赏。攀登者知道峰顶可能难以到达，因此从未忘记旅途带来的力量比终点更重要。

"不积跬步，无以至千里"。攀登者知道，很多奖赏是以长期益处的形式呈现，而现在迈出的每一小步都会促成很大的进步。攀登者欣然接受无法避免的挑战。

托马斯·爱迪生（Thomas Edison）花了20多年、做了50 000多次试验才发明出一种轻巧、持久、高效、可用作独立电源的电池。有人对此表示不解："爱迪生先生，您失败了50 000次。是什么让您认为自己会得出结果呢？"爱迪生答道："结果？哎呀！我已经得出很多结果啦。我知道了有50 000种东西是不适合的！"爱迪生也是个攀登者，他揭示了坚持的真义。

攀登者通常对强于自己的事物怀有强烈的信仰。当令人生畏的巨峰赫然显现，当前进的希望遭受阻碍，这一信仰便支撑着他们。就算别人悲观地认为某条路肯定行不通，攀登者却坚信，有志者事竟成。我相信莱特兄弟肯定对此也有话要说。

与珠峰上的贝克·威瑟斯一样，攀登者也是执着、顽强、坚韧的。他们坚持不懈地攀登，遇到令人生畏的悬崖或死路时就改变路线；深感疲惫而无力迈步时就审视内心，然后决意前进。攀登者的字典里没有"放弃"一词。他们足够成熟和明智，知道有时需要以退为进。攀登过程中自然会有挫折。于是，攀登者以真正的勇气和自律来面对生活中的困难。

攀登者也是人。他们有时会对登山感到厌烦，也会产生疑问、感到孤独、觉得受伤。他们可能会质疑自己的努力。有时候，你会看到他们跟扎营者混在一起，但攀登者在那里是为了重振精神、恢复体能，然后继续攀登，而扎营者则是留在那里。对于攀登者而言，营地是驿站；对于扎营者而言，营地是家园。

放弃者、扎营者和攀登者的工作状态

放弃者显然是得过且过。他们胸无大志、不思进取、能力平平。他们鲜少冒险，不会创新（躲避巨大挑战时除外）。放弃者很少用心工作，在任何组织中都是累赘。

扎营者毕竟攀登了一段距离，因此与放弃者不同，还是有一定的主动性、积极性和拼劲的。他们会努力维持现状，完成所要求做到的事情。业绩不好就会被开除，大多数扎营者不会明知故犯。这是身为扎营者需要处理的一件非常困难且代价高的事情。要是你知道有人做到了，那么此人可能没有发挥出实力，只是尽力确保自己不被开除而已。然而，当今这个时代，业务能力和完美程度决定一切，各组织都争创"一流"，如果成员不尽力，就算不会危及组织的存亡，也会有损最终的成果。绩效好这一基准让扎营者得以留用，却让努力做到最好的有远见者感到挫败。

扎营者能够展现出适当的创造力，也会稍微冒险一搏，但通常他们都谨慎行事，只在危害极小的领域中展现创意和冒险精神。显然，扎营就不会产生信仰上的大转变，也不会带来巨大变化。在这个时代，对大多数组织而言，打破常规的思维已由奢侈品变成一项生存技能，扎营者倾向于墨守成规，就算不会致命，但也要付出很大的代价。

一个人在某个地方扎营太久，会对他的身心造成什么影响呢？影响是衰退。扎营时间越长，衰退越多。渐渐地，扎营者丧失了攀登的能力。而在衰退的过程中，他们日益感受到那些攀登者带来的威胁。扎营者可能也会失去优势，愈加缓慢和虚弱，于是他们的绩效会越来越差。随着时间的推移，他们意识到一个严酷的事实，那就是由于停滞不前，他们最终一败涂地。

与扎营者和放弃者不同，攀登者欣然接受挑战，时刻保持紧迫感。他们自我激励，自我驱动，努力活出生命的极致。攀登者行动力极强，总想着把事情办成。

攀登者致力于自我成长和终身学习，这一点类似于日本的改善（Kaizen）机制，即持续不断地改进，许多组织采用了这一机制。攀登者不会为了头衔或职位就停下，他们会不断寻找新的路子来实现成长、做出贡献。

美国前总统吉米·卡特致力于发挥自己的聪明才智，来帮助那些过得比自己不幸的人。大多数总统卸任后就会选择隐退，但他的选择有所不同。他在1980年的总统大选中惨败给罗纳德·里根，之后便与罗莎琳继续通过卡特中心来践行帮助他人的使命：抗击非洲的疾病；监督第三世界国家的争议性选举；为无家可归者建房子并在全球进行和平谈判。很多人认为，吉米·卡特现在的影响力比他担任美国领导人时的要大。他之所以能拥有这样大的影响力，是因为他不断攀登，不断学习、成长。他本可选择放弃或扎营。他到达的地方比大多数人所渴望的要高，但他的攀登之旅会一直持续到生命终结之日。尽管吉米·卡特在政治上失利了，但他仍是个攀登者。

攀登者在工作时心怀愿景。他们通常很有感召力，因此成为优秀的领导者。印度的精神领袖莫罕达斯·甘地在推翻英国统治时并没有正式的权力，是他对于公正和自由的永恒追求让他成为全民族的抗议领袖。他对于攀登的热爱继续激励着全世界的人们。攀登者总是想办法把事情办成。

放弃者、扎营者和攀登者的人际关系

无论我们做什么，人际关系都是关键。也许最有可能发挥个人潜能的方法就是与另一个人建立起终生的、协同的伙伴关系。要做到这一点，需要有强烈的信仰，要有所奉献和承诺，还要能展示脆弱且情感成熟。

放弃者不一定是形单影只，因为他们很容易找到非常乐于与他们一起虚度光阴的人，也很容易找到总是哀叹惋惜的人。他们混在一起，会滋生出无助的情绪，或是对"体制"和周围世界的冷嘲热讽。

放弃者还倾向于逃避真正的承诺所带来的重大挑战。他们在生活中可能有很多熟人，就算有真正的朋友也是寥寥无几——那些跟他们一样对山峰及登山挑战心怀怨恨的人不算。放弃者无法建立深厚而有意义的人际关系，而这正是最能达成自我成长和自我实现的地方。

为了获得满足，扎营者牺牲掉个人潜能，即使在人际交往中也是如此。他们倾向于寻找其他的扎营小伙伴，并顺利地与之交往。他们可能会冒险地做出承诺，最后却换来难以承受的痛苦。因为受了伤、吸取了教训，扎营者学会牺牲成就以获得满足。他们的婚姻状态很可能就是多年谨小慎微，不会让麻烦事发生，也不会大胆地增进婚姻关系，使之朝着富有新意、日渐充实的方向发展。他们只走这么远，这样一来就失去很多。

然而攀登者并不畏惧探索人与人之间的无限可能。他们乐于向潜在的登山伙伴做出有意义的承诺。他们知道契合的婚姻是多么强大、多么值得。攀登者深知展示脆弱的风险，并对此欣然接受。最终，当一段双方都倾情投入的关系结束时，攀登者可能会跌入低谷。然而，他们也可能享受到极致之爱所带来的极致幸福，也就是无尽的狂喜和强烈的满足。

与山间的环境一样，攀登者的人际关系不会无风无雨——时时刻刻都晴空万里、无灾无痛。但是，他们一直前进，朝着前方和高处迈进，会战胜所遇到的挑战和不可避免的恐惧。攀登者接受这些挑战，并继续寻求最美好的关系状态。

放弃者、扎营者和攀登者如何应对变化

与高管们谈及变化这一主题或是查看同样话题的数据统计时，总是能暴露出很多问题。最近我跟一位高管会面，他任职于一家业务遍及全球的半导体制造企业。我的这位客户抱怨说："每当我们想要引入一项新的变革，基本上就能预料到，不管是什么变革，大概20%的人会积极参与，60%的人会被安逸和恐惧驱动，采取'观望'态度，剩下的20%会立刻拒绝变革，完全不管变革会带来什

么。"一般来说，这些人都是放弃者。面对变革，他们表现出典型的战逃反应。放弃者会拒绝变革并蓄意阻碍变革成功，或者主动绕开变革。

犹豫不决的那60%是扎营者。因为他们是被安逸和恐惧驱动的，因此他们的变革能力有限，尤其不愿做大的改变。他们可能会赞成对营地进行一些改良（如给电脑升级），但是久而久之，他们可能会消极或积极抵抗更大的转变（如调整组织架构）。为了维持来之不易的舒适以及对他们世界的可预测性，扎营者会认真工作。这比继续攀登容易得多。扎营者集体表现出来的所有小心翼翼，足以让重大的变革流产。

最好的情况是：扎营者不热心参与重大变革。他们可能会欢迎甚至是推进那些可以接受的变革，只要这些变革没有动摇他们目前的舒适生活就行。最坏的情况是：扎营者发现，来之不易的现状受到真真切切的威胁，于是就极力阻止组织的变革。

变革有时促使扎营者重拾攀登的喜悦。尽管困难重重，坚定而专注的扎营者会再次进行攀登。

攀登者就算不会主动发起变革也最有可能欣然接受之。他们借助变革带来的挑战成长起来，并欢迎一切可以使之向前走、向上冲的机会。其实，攀登者通常是我们可以指望促成变革的人。攀登者知道，在山上，变化是不可避免的事实。住在高地区域的人们最爱说的一句跟天气有关的话是："如果你不喜欢这个天气，眨眨眼，天气就变了。"若无法适应和利用变化，将摧毁一个人攀登的能力。攀登者总是能借助变革成长起来。

放弃者、扎营者和攀登者使用的语言

放弃者善用消极的语言。遇到问题时，他们会马上指出事情办不成，他们会说"不能""不会""不可能"之类的词语以及这样的语句："我们一直是这样做

ADVERSITY QUOTIENT
TURNING OBSTACLES INTO OPPORTUNITIES

逆商
我们该如何应对坏事件

的""谁在乎""这不值得""好吧，我试过了""这不公平""这样很蠢""又来了""我太老（太胖、太瘦、太高、太矮、太蠢、肤色太深、肤色太浅、太弱、是男的、是女的等）""我想做就能做到"。有一位退休的销售经理在回答"你好吗？"这个问题时，最喜欢说"只要活着就是好的"。放弃者的语言创意通过他们精心炮制的借口和回答呈现出来。

你可以在扎营者的语言中找到妥协的根源。他们会使用这样的语句："这就够好的了""这项工作的最低要求是什么？""我们只需要做这么多""事情可能会更糟""还记得当初……吗？""这不值得""我年轻的时候……"扎营者会强行解释为什么攀登并不会像众人吹嘘的那样美好，也就是说为什么应该避开。

攀登者的语言则充满可能性。攀登者会说可以做什么以及如何做到。他们会说如何行动，越来越厌倦光说不练的行为。

圣母大学橄榄球队的传奇教练卢·霍兹（Lou Holtz）从不接受借口，也无法容忍不作为。霍兹小时候家里非常穷。他不擅社交，口齿不清。他很害怕在众人面前讲话，因此需要做口头报告的时候就会逃课。

有一天，他认识到设立目标的重要性。他定了107个目标，其中包括跟美国总统吃饭、在斯内克河中划木筏、与教皇会面、跳伞、在圣母大学执教、赢得"年度教练"称号、赢得全国锦标赛冠军，等等。截至最近一次统计，他已实现了这107个目标中的98个。大众称赞他是一个具有创造获胜能力的人。他常说的是"可以做什么"，而不是"为什么做不到"。

你会听到像卢·霍兹这样的攀登者说"做得对""竭尽所能""不要退缩""怎么做才能实现这一点？""总是有办法的""问题不在于提出设想，而在于该怎么做""还没做到并不意味着不能做到""领导、服从，不然就在我眼前消失""开始行动吧！""现在就该行动起来"。攀登者追求成效，而他们的语言体现了行动的方向。

放弃者、扎营者和攀登者的贡献

放弃者对于未来没有愿景和信心,他们觉得没有理由去让他们投入时间、金钱和心血来提高自己,从而导致其碌碌无为,贡献极少。随着时间的推移,放弃者的贡献能力其实是在不断缩小。无论当初牺牲的是什么潜能,这种能力都会像未收获的果实一样在藤上枯萎。因此,放弃者可能会因为没有好好活过而感到痛苦,也可能对曾经存在的机会完全麻木。无论哪种情况,结局都是悲剧。

请注意:放弃者并非总是处在社会底层,喝着凌晨时分在街角的便利店购买的廉价酒。在社会中大多数地方,如学校、组织、家庭、街头,都能看到他们的身影。

诚然,很多依靠政府救助的人确实是需要帮助的,他们可能是由于身体或心理缺陷而无法实现财务上的自给自足。但是,对于那些能够自给自足却偏不这样做的人,人们会越来越痛恨他们。

然而,并非所有放弃者都应受到强烈批评。不少人确实想继续攀登,对此,我们就算无法产生共鸣也应深深同情。你可能曾想要迅速逃下山去。我坚信,要改造放弃者,首先就应让他们为自己的决定负责,让他们意识到自己有权选择不放弃。

扎营者呼吸不到终极成就和贡献所带来的纯净空气。虽然他们可能获得了一些重要成就和认可,如徽章、奖赏,甚至还可能是金表,但扎营者显然没有发挥全部的潜能。他们做出的贡献也没有达到最大值。扎营者在学习、成长和获得成就的过程中就停了下来。

据《旧约全书》记载:"给予的行为是世界的根本。"我们需要做出贡献,生命才会有意义,如今更是如此。道格拉斯·罗森(Douglas Lawson)在《给予生活》(*Giving to Live*)一书中强有力地证明,助人为乐能延年益寿、增强免疫系统、有利于精神和心理健康。

在我指出的这三类人中，攀登者的贡献最大。攀登者最接近于发挥出自己的潜能，这些潜能会在他们的有生之年继续增长。攀登者通过终身学习和进步来提高其贡献的能力。

其实，在如今这个竞争非常激烈的世界里，一小队攀登者其实可以碾压一大堆扎营者。我们看到了 IBM 公司和通用汽车公司（General Motors）这样的大型企业踽踽前行，而较小且更加灵活、专注和坚定的公司却在蚕食它们的市场份额。IBM 公司和通用汽车公司原本是有能力重振攀登者天性、继续向上进发的。

同样，曾经活跃的微软公司止步不前。更有活力的网景公司（Netscape）在硅谷图形（Silicon Graphics）前董事长吉姆·克拉克（Jim Clark）和 Mosaic 浏览器的幕后设计者、技术天才马克·安德森（Marc Andreesen）的带领下开发出了革命性的、屡获殊荣的软件浏览器。网景公司一夜之间飙升为拥有数十亿美元资产的公司。这超出预期的巨大反响给微软公司带来压力，考验该公司继续发展的能力，看它是否选择停下来安营扎寨。微软雄心勃勃，耗资数百万美元运营 Explorer 网页浏览器，虽落后于人，但也回到了正轨上。现在，微软公司又重新成为现存企业中规模最大的一家了。

攀登者敢于冒险，经受挑战，克服恐惧，坚持愿景，引领风潮，坚持到底，不达目的不罢休。

放弃者、扎营者和攀登者的抗逆力

面对现实吧！虽然很多人以为生活应该是公平的，但是没人能保证定会如此。放弃者能力很小，或是根本没有能力，因此他们选择放弃。好在放弃者并不是注定只能远远眺望山峰。在外界的帮助下，他们可以重振旗鼓。

扎营者可能经历了很多逆境才爬到所在的位置。遗憾的是，逆境最终让扎营者开始权衡风险和奖赏，于是不再继续攀登。与放弃者一样，扎营者对于逆境的接受度也是有限的，会为自己找强大的理由来放弃攀登。扎营者认为，辛苦了这些年或是付出了那么多努力，生活应该变得没那么难。攀登的代价很大，但获得的奖赏也很丰厚。永久的扎营者所付出的极大代价就是永远都不知道或无法实现他们能够做到的事情。

攀登者对于逆境并不陌生。的确，他们的生活就是在面对和克服无穷无尽的困难。因此，攀登者继续攀登并非因为他们遭遇的逆境比扎营者和放弃者的少。恰恰相反，攀登就像逆流而上，需要付出无尽的精力，做出大量的牺牲和奉献。其实，很多攀登者来自贫困家庭或是困难重重的环境。我们看看企业家所共有的特质就会发现，他们通常都会在生活的某个时刻面临重大困境。攀登者明白，逆境是生活的一部分，逃避逆境就是逃避生活。

《成功》(Success)杂志每年都会刊登年度非凡的励志故事和最伟大的企业家。这些传奇人物的共同点就是都要经历非常大的困难和挫折。史蒂夫·乔布斯就是一个典型的例子。他是苹果电脑公司和新近成立的皮克斯工作室(Pixar Studios)的创始人之一。乔布斯成立苹果公司时心怀一个强大的设想，那就是让普通人享有计算机的强大运算能力。乔布斯被迫离开苹果公司时已然是个富有而传奇的大众英雄。他有充分理由不再去尝试。然而他却成立了 Next 计算机公司，与苹果公司抗衡，却在硬件行业的残酷竞争中遭遇惨败。Next 计算机公司现在为苹果电脑供应新的操作系统，同时进入软件和互联网应用市场，此举有望让该公司东山再起。

乔布斯创立的皮克斯工作室，即家喻户晓的动画电影《玩具总动员》(Toy Story)的创作者，迎来了巨大的成功。皮克斯工作室上市的那天，乔布斯的身价超过12亿美元。一直以来，他要做的就是募集资金，招揽最佳人才，让全世界相信这是世界一流的动画工作室，落实重大合同，然后让公司上市。为了将皮克斯打造成顶级的计算机图像制作公司，乔布斯在公司成立之前就有了一些构想，然后坚持不懈地使之成为现实。其他人也许会选择放弃，但经过了那么多的挫折之后，乔布斯还能面对和克服逆境，他的成功正是来源于这样的能力。所有这些都是高逆商的体现。通过乔布斯的不懈努力，他又让苹果公司夺回计算机行业的领军地位。

逆境困局

逆境所造成的最大影响可能就是逆境困局（Adversity Dilemma）。这就类似在美国边境进行探索和定居的拓荒者所面临的两难之境。冬季来临，越来越冷。温度下降，则生存所需的能量增多。然而，抵御严寒所需要的食物却变少。寒冷和食物呈现反比关系。

逆境和攀登者之间的关系也是如此。天气越恶劣，继续对抗挑战的攀登者就越少。实际上，形势越严峻，能够或愿意解决问题的人就越少（见图1-4）。身为领导者、父母或关心社会的市民，你肯定会发现这个情况不妙。想想过去20年里登记为选民的人数下降了多少。

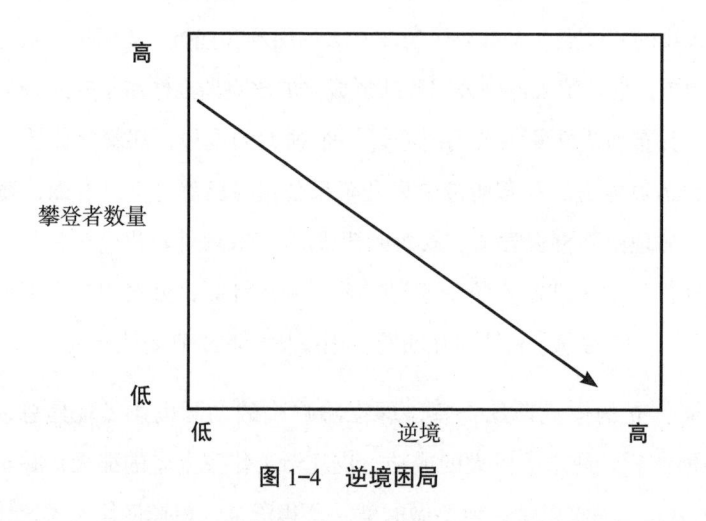

图1-4　逆境困局

对于人类未来生计及生死存亡的最大威胁莫过于不断攀升的逆境之墙所引发的大量放弃行为和丧失希望的情绪。放弃和丧失希望会让所有人陷入更大的困境，因为在当今这个时代，无论什么样的挑战都已变得更加严峻，愿意去抗击逆境的人越来越少。

希望（相信所做的事情有用）、无助（认为所做的事情没有用）和逆境的关系如图 1-5 所示。要知道，逆商决定着一个人是否能在困难时期仍抱有希望、拥有掌控感。迎难而上的能力是由逆商决定的。不妨想想，在你的成功路上，逆商到底发挥了什么作用。

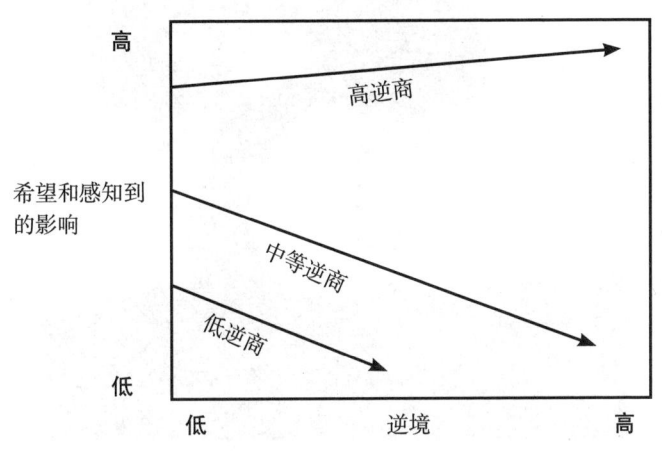

图 1-5　对于希望和掌控感，逆商就是决定性变量

成功之树

在一次攀岩时，我偶然看到一棵孤零零的松树得意地从岩缝里伸出来。那棵树的生命力让我大为震惊，而它能够抵御严寒、劲风和酷暑，在山间这个无树生长的地方茁壮成长，这也让我感到不可思议。是什么促使那棵孤松得以在逆境中茁壮成长呢？

大多数人都知道取得成功的必要条件是什么。跟那棵树一样，我们拥有不同数量的成功基本要素。然而，事实上，因逆商较低而无法抵抗逆境的人是无法发挥出自己的潜能的，而拥有足够高的逆商的人就能像那棵树一样在山间茁壮成长。成功之树（Tree of Success）这个新颖的综合模型（见图 1-6）阐明了逆商在经受逆境、发挥潜能上所起到的基础性作用。

ADVERSITY QUOTIENT
TURNING OBSTACLES
INTO
OPPORTUNITIES

逆商
我们该如何应对坏事件

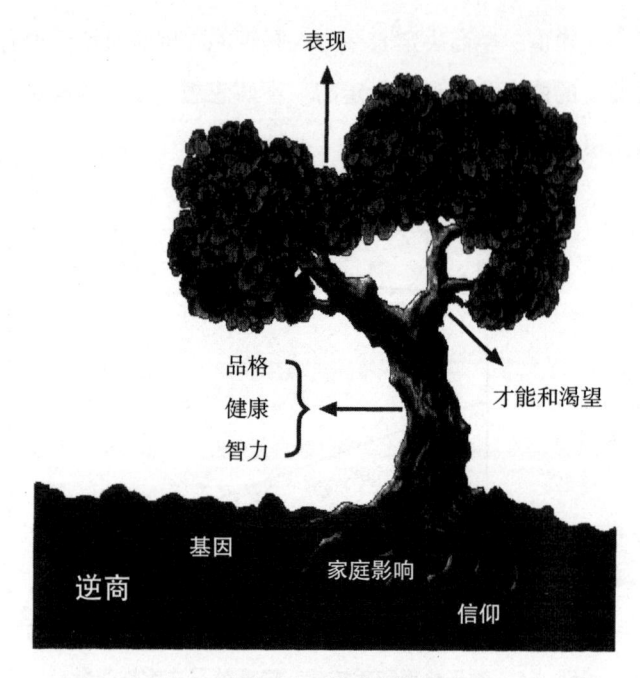

图 1-6　成功之树

树叶：个人表现

树叶代表着我们的表现，是我们身上最容易被看见的部分。我们很容易看到一个人的产出，因为这是最显而易见的。这也是最经常受到评价或评估的东西。无论事关晋升、友情、约会、求婚还是工作，我们总是会评价或评估他人的表现和结果。然而，表现并非凭空出现的，就像叶子必须自树枝上生长一样。

树枝：才能和渴望

第一个树枝被我称为履历因素（the resume factor）。履历写明了你的技术、能力、经验、知识，也就是你所知道的和能做到的。我把这种知识和能力的综合体称为才能。培训费用大多是花在培养才能上面。然而，若你在面试职位候选人时遇到一个履历很优秀的人，你会不假思索地聘用此人吗？可能不会。

这位候选人还要展示出另一样东西，我称之为面试因素（the interview factor），或者说渴望。渴望指的是动力、热忱、激情、内驱力、雄心、抱负和活力，我们在招聘时想要看到这些。你可能会掌握世间的所有才能，但若没有渴望，一切都是白费。没有渴望就无法把困难的事情做好。你会聘用一个缺乏渴望的人吗？当然不会！

若要成功，才能和渴望缺一不可。然而，这两者和树枝一样并不是凭空冒出来的。因此，我们要仔细看看树干部分。

树干：智力、健康和品格

什么是智力？对很多人来说，智力就是智商、平均绩点（GPA）或学习能力测验（SAT）等传统方法测出的数值。众多研究者拓展了我们对于智力的整体认知，哈佛大学心理学教授霍华德·加德纳（Howard Gardner）就是其中之一。研究者告诉我们，智力又分为语言智力、运动智力、空间智力、数理逻辑智力、音乐智力、社交智力和内省智力七种。

每个人都有这七种智力，只是程度各不相同。有些占主导地位。通常，占主导地位的智力会影响一个人对于事业、学业和爱好的选择。不管哪种最强、哪种最弱，智力显然会对成功造成影响。这个是树干部分的内容。

情绪和身体健康也会对取得成功的能力造成影响。要是你病得很重，那么疾病会把你的关注点从山峰上强拉回来。你的攀登过程可能就只是为生存而战，或是每天挣扎着活下去。另一方面，情绪和身体健康可以大大推进攀登过程。因此，健康是树干部分的问题。

品格得到了极大的关注，部分原因在于史蒂芬·柯维（Stephen Covey）所著的《高效能人士的七个习惯》、本杰明·富兰克林（Benjamin Franklin）所著的《穷理查德年鉴》（*Poor Richard's Almanac*）、威廉·贝内特（William Bennett）所著的《道德指南针》(Book of Virtues, The Moral Compass)、劳拉·施莱辛格(Laura Schlessinger)所著的《你怎么能那样做？！放弃性格、勇气和良心》(I Can't Believe You Did That:The Abdication of Courage, Character, and Compassion)和很多其他人的著述中对于品格的描述。这些作者让我们想起亚里士多德近2400年前的论述以及《旧约》和《新约》所记载的一些人类文明的根本法则。公平、公正、诚实、审慎、善良、勇气、慷慨——这些都是我们得以顺利相处、与和平共存的根本。有人会认为，美德缺失的社会谈不上是社会。因此，品格是树干部分的问题。

树根：基因、家庭影响和信仰

以上谈到的所有因素都对成功起着至关重要的作用。然而，没有树根因素则根本培养不出上述这些因素。例如，基因问题。虽然遗传基因不一定能决定命运，但肯定能影响命运。实际上，近期涌现的研究表明，基因对于行为的影响程度，可能远远超出我们愿意承认的范围。

关于基因对于行为的影响，最著名的研究就是在明尼苏达大学进行的双胞胎研究。该研究追踪了数百对一出生即分离的同卵双胞胎。尽管这些双生子的成长环境迥异，但是他们的相似点却十分惊人。

在一个案例中，一对双胞胎在不同地方成长，活了40年后首次见面。他们的相似点包括：

- 都叫作吉姆；
- 都给自己的狗取名托伊；
- 都上过关于法律实施的课程；
- 有相似的爱好；
- 第一任太太都叫琳达，第二任太太都叫贝蒂；
- 都给自己的儿子取名詹姆斯·艾伦（James Alan）。

该项研究在其他双胞胎身上发现的相似点有喜欢相同的食物、使用同样的手势、展现同样的言谈举止、选择同样的事业、选择相似的伴侣（有些还同名）、喜欢同样的音乐、偏爱相同的着装、拥有相同的兴趣爱好、使用同款古龙香水、长得一样。这些研究表明，我们所说的选择大多受基因影响。新近的研究指出情绪和焦虑程度也与基因有关。

第二个树根因素让很多治疗师得以发挥作用。跟朋友一道享用热腾腾的咖啡时，席间极为流行的话题无疑是家庭影响问题。我最近跟一群安保和物业经理坐在一起聊天。席间的对话就很典型。

一位经理在午餐时说："我的朋友们继承了女性顺从基因，而我的父母并没有把这种基因传给我，所以我做事显得男性化。"

另一位经理说："我爸爸喜欢'爹地的小公主'之类的玩意儿，他从不让我弄脏自己或是变得坚强。现在我每天都要为此付出代价。"

与基因相同，家庭影响也会对人们的智力、健康习惯的形成、品格的培养有所影响，进而也影响了人们的技能、渴望和表现。

第三个树根因素是信仰。从古至今的政商领袖所共有的一个特质就是对于比自己强大的人或事怀有强烈而持久的信仰。斯科特·派克（Scott Peck）在《呼吁社会》（*The Call to Community*）一书中说，信仰对于社会的存亡至关重要。不管这是什么样的信仰，很多非常成功的人都拥有它。

关于信仰对健康的影响，哈佛大学这一研究领域的领军人物赫伯特·班森（Herbert Benson）认为，我们的基因图谱形成了我们对天性中的某种绝对无限（Infinite Absolute）部分的信任。他还说，祷告行为会影响人体内肾上腺素和其他皮质类固醇或是应激激素的分泌，这样可以降低血压，让心率和呼吸放缓，还会带来其他的益处。

瓦茨拉夫·哈维尔（Vaclav Havel）和尼尔森·曼德拉（Nelson Mandela）等世界领袖都认为信仰是关乎人类社会存亡的根本因素。商业领袖则更为开放地讨论所在组织和文化的精神健康。几年前，在书店的商业类图书区域还没有几本关于心灵类的书籍，但现在却有很多，如《耶稣——CEO》(Jesus as CEO)、《灵魂手册》(Handbook for the Soul)、《领导力之魂》(The Soul of Leadership)、《路径》(The Path)和《成功的七项心灵法则》(Seven Spiritual Laws for Success)等图书入选了很多商业类畅销书单。在希望、行动、道德、贡献和待人方面，信仰是一个具有说服力的必要因素。

逆商

> 良材生长不易。风越强劲，树越强壮。
>
> 威拉德·马里奥特（Willard Marriott）

你在阅读这些段落并审视图 1-6 时，可能会想："好，这就是我毕生的工作！我需要做的是坚持信仰、战胜基因、解码家庭影响、强身健体、发展七种智力、磨炼性格，而且我会不断地提升我的才能和渴望，从而实现一大堆成就。"是吗？也许吧。

就算拥有这些因素也不能保证一个人或一棵树能在逆境中屹立不倒。如果一棵树生长在沙子里，它一样会倒下。要是它扎根于岩石中，并拥有必要的韧性，然后茁壮成长起来，它会弯折，但绝不会倒下。

撇开我所提到的上述这些因素，逆商真正决定了你在逆境面前是屹立不倒、继续成长，还是会受创或崩溃。逆商是成功的沃土，是成功的关键和根本因素，它能决定你的态度、能力和成就该如何表现出来，是否表现出来以及表现到何种程度。与花园中的土壤一样，逆商也可以变得肥沃、得到提升。至此，我们可以开始真正理解逆商的实践意义了。

幸好，不同于基因特性，逆商是可以习得的。伊利诺伊大学心理学系教授、情绪发展领域的顶尖研究员卡罗尔·德韦克（Carol Dweck）的研究指出，人们对于逆境的反应受到父母、老师、同辈以及童年时期其他重要人物的影响。

在研究儿童如何应对失败难题时，德韦克发现，在早期，老师会让女孩子把失败归结为能力不足，而会让男孩子把失败归结为动力不足——一个更为暂时和可塑性的理由。幸好，这些模式是可以被打断并永久改变的。你可以重塑模式，迈向成功。

通过发现、衡量和运用逆商，我们就会明白为什么有些人一直可以出乎周围人的预料和预期，以及他们是如何做到的。也会明白，那些无法战胜逆境的人会到处碰壁，而那些逆商够高的人很可能会坚持到底，直到成功。而且他们会在生活的各个方面收获益处。这就是为什么有些人在最不利的条件下仍能保持积极性。正是逆商把攀登者与扎营者、放弃者区别开来。前路不顺时，放弃者放弃、扎营者扎营，而攀登者奋力攀登。

低逆商会让世上所有的才能都无法发挥出来，所有的渴望都无法实现。不要再将注意力和更多的资源放在智力的提升上了。为了继续攀登，是时候武装自己了。本书接下来的内容会让你知道，需要哪些知识和技能才能充分、永久地提升逆商。

ADVERSITY QUOTIENT
TURNING OBSTACLES INTO OPPORTUNITIES

第 2 章

我们身处逆境时代

> 所有逆境确实都是让灵魂成长的机会。
>
> 约翰·格雷（John Gray）

不妨问问年长一些的人："您觉得现在的生活比年轻的时候轻松吗？"他们的回答肯定会让你大吃一惊。就像我积极乐观的88岁的祖母、92岁的祖父，以及超过200位75岁至95岁的老人，他们所给出的答案都一样。我本以为，他们会诉说在大萧条时期是如何为了养活一大家子人而奋斗打拼的经历；或者如何从两次世界大战中侥幸存活下来，所有人都做出巨大牺牲的悲惨遭遇；或者是关于往返学校途中需要艰难地翻山越岭、跋涉四英尺厚的积雪的故事。那个时代，只有最基本的食物和药品，没有空调，道路坑坑洼洼，通信系统落后，娱乐项目也少之又少，这些故事肯定会让我感恩现代生活的便利。

"啊，现在的生活艰难多了！"我的祖父母不停地这样感叹。"现在我可不愿当父母，"我的祖母严肃地说道，"父母都要工作，我觉得现在的孩子比我们当年过得艰难！"

"如今我可不想去工作。"我的祖父如此补充道，并摇了摇头。他曾经在路上兜售男士服装，挨家挨户地推销，一干就是45年。"竞争、信息……节奏简直越来越快。我当年总还有时间来陪伴家人和朋友。现在，人们根本就没有时间。"

我的祖父母，还有在过去30个月里所采访的超过200名美国人、企业领导，以及数千位参加过逆商项目培训的人都认为，生活艰难，而且越来越难。

如今，我们正面临着希望危机。不妨看看你的四周：绝望正抽走组织、机构、家庭、孩子和学校的活力，耗尽我们的心力和灵魂。我们生活在逆境时代，这个时代将我们生吞活剥。

世界发生了巨变。我坚信，成功的能力或多或少会受到前进道路上各种条件的影响。是时候让我们仔细看看到底发生了什么变化，做好充分准备，去直面困难，突出重围，继续攀登，坚持到底。

逆境的三个层次

随着每天遇到的逆境的加剧，逆商变得越来越重要。商业领袖、企业家、教师、专业人士、父母和青少年等都在抱怨生活中的困难和逆境没完没了。无论一个人如何高效地应对这些挑战，挑战的量级和频率依然会继续增加。逆境已然来势汹汹，而且比以前爆发得更早、更无休无止。

我们不妨用"逆境的三个层次"来勾勒出我们在生活中所面临的挑战（见图2-1）。大多数金字塔状的模型是从下往上发展，而这个模型却是从顶部往下延伸至个体。由此，该模型展现了逆境会从两个方面给我们带来影响。

```
      ╱╲
     ╱社会╲
    ╱──────╲
   ╱  职场  ╲
  ╱──────────╲
 ╱    个人    ╲
╱──────────────╲
```

图 2-1　逆境的三个层次

第一，这个模型呈现出了我们每个人在人生险途中需要面对来自社会、职场和个人三个层次的逆境，并承受这些逆境给我们带来的日积月累的负担。该模型描绘了一个日渐严峻的现实，那就是逆境是生活中普遍存在、不可避免的一部分。但逆境不该让你精神崩溃。

第二，逆境的三个层次也指出，所有这三个层次上发生的积极变化都是从个体开始的，然后往上影响工作，最终影响整个社会。要想引发变革，就必须坚持不懈地攀越逆境，必须培养出足够高的逆商。

总之，逆境可以作为重要燃料，推动你戒除扎营者的自满、加强如攀登者一样的成功决心。要想将逆境转化为攀登过程的动力和进步，你必须考虑山上的各种条件。

社会逆境

当前，财富大量转移，人们普遍对未来感到不确定，而且犯罪率激增，人们对于经济安全备感焦虑；此外，家庭的定义彻底被重塑，出现美国全国范围内的道德危机，包括教育体系在内的组织机构失去公信力。这些变化加起来就是我所说的社会逆境。

ADVERSITY QUOTIENT
TURNING OBSTACLES INTO OPPORTUNITIES

逆商
我们该如何应对坏事件

> 我们最大的恐惧是来自不知其名、不知其貌的陌生人的暴力侵害。执法机构总是安慰市民，说大部分的谋杀案都是受害人的亲戚或熟人干的。如今这个谎言已被揭穿了。
>
> 《大西洋月刊》（Atlantic Monthly）

犯罪是最让美国人感到忧虑的事情，这并非平白无故就如此。据《大西洋月刊》报道，十个美国成年人中有八个会成为暴力犯罪的受害者。四个人中有一个会遭遇三次或三次以上的暴力侵犯。因此，时任美国总统的比尔·克林顿在1994年就曾通过了一项犯罪法案，在街道上增派10万名警力。然而，为了让警力与罪犯的比例回到1960年的水平，需要招聘500万名新警员。

对于少数族裔来说，街道尤其危险。据美国司法部的资料显示，每21名黑人中就有一个可能遭遇谋杀。这比第二次世界大战中美国军人的死亡率还要高出两倍多。

最令人担忧的是，罪犯低龄化和致命武器呈增加趋势。对于孩子来说，学校不再是安全的港湾。有20%的高中生每天都会携带武器上学，其中包括了10万支手枪。据《今日美国》（USA Today）报道，42%的高中生认为过去一年里的暴力现象增加，其中有25%的人经常担心自己的安全问题。这个问题对于少女来说尤为突出，30%的少女遭遇性侵。自1982年以来，单是未成年杀人犯的数量就上升了93%。

美国东北大学的迪安·福克斯（Dean Fox）是美国最著名的犯罪学家，他提醒民众："虽然都市犯罪近来略有下降，但这并不能说明什么。"等新一代无人监管的孩子已进入青少年时期，犯罪率很可能会升至前所未有的高位。

毒品肯定会让已然很恼人的犯罪趋势变得更糟，因为自1992年以来，美国

第 2 章
我们身处逆境时代

12~17 岁青少年的吸毒行为上升了 78%。致幻品的种类日益增加，其中海洛因的吸食人数增长最快，吸食者比例从 10% 升至 40%~90%（在某些大城市出现的情况），街道上海洛因的价格下降了 75%~90%。

对于持续增加的社会逆境，家庭既是病因又是病症。据说如今的新婚夫妇中有 60% 会以离婚或分居收场。在 1984 年，传统结构的家庭（孩子及其亲生父母）只占 8%。自 1970 年以来，单亲家庭的数量增加了 200%。这些家庭中的孩子有私生子的可能性比常人高出 164%。要是他们结婚的话，离婚率会比常人高出 93%。

越来越多的孩子在生孩子。1996 年，有 50 万名婴儿是由十几岁的女孩生的。自 1960 年以来，私生子的数量增加了 400%。因此，为何我们的贫困人口中有 48% 是孩子就不足为奇了。

家庭教育支离破碎，这给孩子带来的伤害是最大的。很多人失去了希望。青少年自杀数量自 1960 年以来增加了两倍：59% 的青少年认识企图自杀的人，26% 的人的认识自杀成功的人。在美洲土著儿童中，这些数字更为惊人，其中有 30% 的人尝试过自杀。75% 的青少年自杀行为是由于父母离婚所致，80% 是源于精神问题。专家告诉我们，青少年通过这些行为和其他方式来表达自己对生活失去了控制。精神病学家指出，青春期女生群体中出现令人担忧的自残趋势，包括烧伤、割伤和毁容。

这些都严重影响了儿童的道德培养。三分之二的美国年轻人不相信《十诫》（the Ten Commandments）或是任何的是非原则，而 76% 的美国人认为我们处于道德沦丧的境地。

很多人转向教育体系寻求问题的答案。然而，我们要问问，是谁在养育孩子？学龄前儿童平均每天看电视四小时。平均来看，青少年每周阅读 1.8 小时，花 5.6 小时做家庭作业，花 21 小时看电视。青少年平均每天与父亲相处 5 分钟，与母亲相处 20 分钟。由于电视节目未经过滤，到小学毕业时，孩子们已看了 10

万次暴力行为。

很多人认为,教育未能提供孩子们迫切需要的希望。35%的大学毕业生选择了不需要大学学历的工作,五年前这一比例为15%。

我们通过表2-1,比较一下在1940年和1990年面向美国教师进行的全国性调查,可以看出发生的变化。

表 2-1　　　　　美国 1940 年和 1990 年面向教师进行的全国性调查

教师在 1940 年指出的主要问题	教师在 1990 年指出的主要问题
出言不逊	吸毒
吵闹	酗酒
在走廊奔跑	怀孕
插队	自杀
着装不合要求	强奸
拖拖拉拉	抢劫
嚼口香糖	斗殴

职场逆境

> 好吧,职业安全感已经没了。我们将何去何从?
>
> 《商业周刊》(*Business Week*)

《新闻周刊》(*Newsweek*)的封面直接写道:"工作就是地狱。"这篇文章指出,现在的工作者必须面对各种要求和不确定性的持续打击。随着我们向着新时代迈进,"这里一直在变"成了职场中的口头禅。对所有人而言,稳定薪水、长期雇用、社会保障和养老金带来的安全感已经弱化了;对很多人来说,这种安全感已不复存在。《今日美国》报道,劳动者的焦虑程度空前地高。人们每天去上班都乐观祈祷不要踩雷。"今天会发生什么？"是每个人心中的疑问。近年来，流程优化改造、组织架构调整、裁员、缩小规模、重振业务和去中心化管理，都给无数劳动者造成损失。

> 只要恐惧感犹存，人们就会更加努力地工作。劳动者会学着变得更加自私，不会对管理层有太多的期望，这也意味着生产力的下降。
>
> 杰弗里·汉弗莱斯（Jeffrey Humphreys），乔治亚大学经济学家

其结果是，劳动者必须不断地抓紧提升自己的知识和技能。如此惊慌地采取行动是因为意识到了每个人都得自谋职业。那么，少花钱多办事究竟带来了什么呢？在过去20年里，美国的劳动者每年要多工作一个月。他们的工作变多，收入变少，因此，他们的挫败感也随之加剧了。

职场逆境与日俱增，从暴力行为增加和实际收益减少等现象中就能看出。自1980年以来，35~44岁劳动者的平均净资产下降了33%。收入减少和职业安全感下降催生了人们普遍的恐惧感，还让很多人感到绝望，有时甚至会出现极端的反应。1995年，全美有超过200万人在职场中遭到攻击。

这些趋势无疑表明，很多人会感到恐惧。很多人会担心，在这个全球信息时代没有立足之地。

> 大多数中年失业的人最终在新的岗位赚得比以前少。
>
> 詹姆斯·麦道夫教授（James Medoff），哈佛大学

个人逆境

从图2-1所示的模型上层的社会逆境往下是职场逆境，接下来第三个也就是最

后一个层次，便是个人逆境。个人逆境位于底层，正如一位参与逆商计划培训的学员所说——东西都是往下流动的，个人要承担所有这三个层次累积下来的重负。

我发现了一件极富启迪意义的事情：六岁的孩子平均每天笑 300 次，而成年人平均每天只笑 17 次。逆境产生的影响经过日积月累就会如此。对大多数人来说，生活没什么可开心的。

另一方面，个人位于底层是因为改变和掌控从这里开始，人们可以在这里扭转乾坤。

人们在思考自己所面临的挑战以及前面列出的那些难题时，可能会想："我知道情况不妙，但是……"或者会问自己："这些是怎么发生的呢？"

逆境的累积效应

没有什么能比高中同学聚会更能引人深思，回忆美好，甚至咀嚼失落的了。那是一段充满钟爱回忆的时光。下面是我的一个朋友所分享的聚会故事。

Adversity Quotient

圣弗朗西斯科群峰（the San Francisco Peaks）的海拔最低值为 7000 英尺，然后一直攀升到 12 643 英尺。亚利桑那州弗拉格斯塔夫镇（Flagstaff）坐落在山脚处。1980 年，埃里克高中毕业，那时弗拉格斯塔夫镇还是个西部风格的乡村小镇，人口为 28 000 人。毕业的那天晚上，埃里克和他的高中小伙伴们决定开创一项传统。毕业典礼结束后的当晚，他们跟很多毕业生一样也去喝酒。他们买了酒后就开始出发了。他们把车开离商业街区，经过市郊，停在一个废弃的垃圾处理厂。

每个人都要喝下六瓶包装的啤酒，像是在庆祝自己永垂不朽一样。然后他们在月色中徒步登上海拔 9300 英尺的艾尔登山（Mt. Eldon），还声嘶力竭地唱着学校战歌。抵达山顶后，他们躺在地上，看着星星，分享他们埋在心底深处对于生活的梦想，直至凉爽的黎明时分。埃里克当时最好的朋友巴奇神气活现地说自己会如何在大学里打篮球、如何周游世界、如何结识漂亮姑娘、如何在国际进出口行业干出一番事业。他说话间充满了激情和自信。

那个夜晚，世界是如此完美，而他们的世界触手可及。这看起来是他们高中生涯的完美句点。于是，埃里克和朋友们决定重温这一时刻。

在高中毕业15年的同学聚会上，埃里克和他的小伙伴们聚到一起。其中一些人呈现出来的老态让埃里克震惊不已。然而，他们疯狂地想要重燃旧日激情。几杯鸡尾酒下肚后，现已是生产经理、改名叫伯纳德的巴奇一把抓住埃里克的胳膊说道："嘿，兄弟们！还记得毕业的那晚吗？"（他环顾四周人群）他们点头示意。"我们再走一趟吧！怎么样？"在爆发的激情驱动下，所有人都同意了。只是今晚已不同往日。

人们常说无法回到过去。同样，他们的仪式也无法重温。晚上，他们把车开上了15年前走的路——现在道路两旁都是商场和连锁快餐店。弗拉格斯塔夫镇如今已是个时髦的5.6万人的山区城镇。当初的垃圾处理厂变成了灯火通明的停车场，周围有国家森林服务局（the National Forest Service）的人在巡逻。他们看到了一个巨大的路牌，上面写着欢迎标语并列出一长串登山须知。当然，他们也带了啤酒。但他们现在更加注意了，没人敢把六瓶全喝完。三个人喝了几瓶低度啤酒，还有一个曾嗜酒如命的人也开始戒酒了，老老实实地选了不含酒精的饮料。相当没有气势地喝完饮品后，他们开始徒步。他们开始唱起来，但这一次山路似乎更陡了，歌声则被这些30多岁登山者的喘气声所取代，徒步变成了爬山。埃里克仍然保持着良好身材，他惊讶地看到朋友们已变得如此虚弱，甚至连巴奇这个曾经的橄榄球跑卫也在艰难前行。他们半醉着埋头登山，声嘶力竭地唱歌，往昔仿佛就在昨日。而现在他们气喘吁吁，这座山就像珠峰一样高不可攀。

> 半路上，有三个人无奈地停下来喘口气，否则他们可能要犯心脏病了。其他人继续坚持。抵达山顶后，他们躺在地上，看着星星，疲惫胜过喜悦。只是这一刻，大多数人在十多年后首次回忆当年的梦想时，声音里饱含伤痛，而且每个人都在找理由解释自己一路走来所做的妥协。下山时，所有人都出奇地沉闷。大家怎么都老了那么多？埃里克想不明白。他们的精神和体力都怎么了？这就算没有让埃里克感到不寒而栗，也足以令他觉得奇怪。要是15年前他对巴奇说，你某天会秃顶、变胖、离婚，而且出门最远就到过西海岸，巴奇定会一拳打在他的脸上。今晚，巴奇就算不是认命的状态，也可说是接受现实。埃里克惊异于渐变的威力。15年前，要是他和小伙伴们一觉醒来就看见商场、混凝土建筑、政府法规、后移的发际线和渐渐形成的大肚腩，他们一定会目瞪口呆。然而，若这些变化是久而久之形成的，就算不会完全被忽视，也会被人接受。
>
> 回到家后，埃里克经过浴室的镜子时停了下来。这一次，也是第一次他仔细审视着朋友们同样见到了的这张脸。他虽然还健康强壮，但也变老了。刹那间，他看到了15年就这样飞逝而过。

埃里克已深刻领略到了日积月累的渐变力量。你在思考前文所列的社会、职场和个人逆境时，可能也会有类似的领悟。

直面逆境的累积效应是一件非常残酷的事。无论是一段关系慢慢疏远、对工作失去热情、多余的肥肉堆积、发际线日渐后移、房子逐年经受风吹雨打、汽车锈蚀、社区失修坍塌、环境退化，还是父母渐渐老去，这些都不是一夜之间发生的，而是逐渐发生的变化。然而，面对日渐积累的整体影响时，我们会大吃一惊。

同样，面对疯狂增加的逆境数量，我们的反应也会如此。试想一下：

> 在1950年时，当你打开一份报纸，看到上面写着目前有20%的高中生

会携带武器去学校！你会做何反应？最有可能的情况就是你会感到惊讶和害怕。你会跳起来，冲着身旁的人大喊："快打电话给国民警卫队！"或者试想一下，要是现在有个老师在学校董事会议上站起来说："我要汇报一个极其严重的问题，我们必须立刻解决。我的班上有孩子嚼口香糖！"那么众人会做何反应。人们会笑死！

我所描述的这些变化是最为要命的一类：在悄无声息中渐渐发生。

虽然大量的逆境所产生的累积效应能激励一些人有所行动，但它也会给很多人的心灵施加重压。对很多人来说，危险就在于因此而丧失希望。

有希望就意味着有可能。你不必失去希望，也不必屈服于命运。不像变老那样让人无可奈何，正相反，你无须接受一个扭曲的世界。你可以用余生去实现改变，只要你不放弃攀登。

我发现，改善应对逆境的方式，可以提升我们战胜逆境和坚持到底的能力。这可以通过了解、测量和提高逆商来实现。当逆境与日俱增，你需要更多的创造力、勇气、坚忍、毅力和韧性。

但是，请注意：要是你的逆商不够高，那你可能会误入危险的岔道。

登顶途中的四条危险岔道

随着逆境增加，登顶之路变得更加严峻。你背负着日益沉重的负担，每天面临着挑战。前行的道路会受阻于变革带来的巨石；会被洪水般的恐惧感冲刷；会被激化的全球化竞争所炙烤；会被曾经失败的尝试所侵蚀；还会被时间的狂风所摧毁。然而，你必须向上攀登。放弃攀登无异于放弃潜能、放弃贡献、放弃生命。

任何偏差都会在时间、生命和机会上造成无可弥补的损失。然而，道路日渐艰难，越来越多的人会放弃攀登，于是他们可能选中其中一条危险的岔道。其实，这些可能有害的应对方式都是可以避免的。

岔道一：攀登者变成扎营者

山峰看起来高不可攀。登顶过程中的困难越来越多，攀登也变得比以往任何时候都更需要胆量和冒险精神。因此，越来越多的人不再向前走、向上攀，而是选择了难度较小的道路（参见第 1 章中的图 1-2）。无论是在成长、事业、人际关系、贡献方面，还是自我意识上，他们爬了一段就停下来，支起营帐，误以为自己在山中的小营地会永远安稳。

安营扎寨的举动可能会让这些人的精神、身体、思想和情感发生退化。扎营者可能会失去攀登的能力。他们牺牲掉梦想、满足感和自我实现，想要维持用辛苦工作换来的舒适安稳的表象。

然而，对于扎营者我们不应太过苛责。他们是社会和职场中的主流。越来越多做出相似选择的人会加入扎营者的阵营。扎营者在做一个看似合理的决定，想要抵御不断冲击帐篷的变革强风。然而，在现实中，风暴永不止息。他们等待风暴结束，就是在等待生命终结。亘古不变的是不断改变。

营地十分诱人。在营地里等待变革之风结束或纯粹是逃避攀登过程的持续挑战，这件事的确非常有吸引力。可是，扎营的后果很严重，而抗拒诱惑、不沉溺于坦途带来的喜悦则更强烈。

我记得，有一年夏天，我在大提顿国家公园（Grand Teton National Park）工作。我在本地的烧烤店当服务员。有一天，一位从纽约来的魁梧男士带着家人来到店里。他挥手示意我过去，"这附近有什么好玩的？"他不耐烦地问道。我微笑着指向群山。"噢,我们可没那个体力爬山!"他大声地说。我对他说,要是他出发得早,慢慢地爬,他和家人就可以领略到群山的魅力,可能还能看到一些野生动物。他看着我,好像我是个疯子。

第二天早上,我启程前往大提顿山,打算爬个22英里,就看见这位男士和他的家人站在路中间,一动不动。原来不到20码[①]开外,有只公麋在骄傲地展示着宽大的鹿角。这只麋鹿摇晃着缓步走远,消失在晨雾中。我走过那位男士身旁,他随即转过身,微笑着说:"现在我明白了。这就是爬山的意义。"然后他和家人继续探索前行,虽然缓慢却很勇敢。

起码从这一刻起,他开始从扎营者变成攀登者。

岔道二:科技万能

第二个令人担忧的危险岔道是,人们开始寄希望于科技而不是人类自己来解决问题。随着攀登过程日渐艰难,人们容易从依靠自己的使命感和能力转而依靠科技。但这一转变会让人失去对生活的掌控感,非常危险。通过分析从首个地球日以来这30年有关环境运动的文献资料,我的观点得以印证。在1971年,人们相信可以靠政治家、领导人、社区参与和草根运动来拯救环境。简言之,人们会通过不懈的努力和坚定的决心站出来反抗、团结一心、拯救地球。

现在,我们几乎一致认为,在环保方面的罕见成就是科技进步的结果。我们随处可以看到风能、太阳能、核废料清除事宜、电动汽车和海水淡化处理厂的发展的相关报道,好像我们根本没有增进合作、提高敏感度从而实现双赢一样,这些成就全靠科技发展。

[①] 1码≈0.914米。——译者注

如今的商业环境也是如此。我在新泽西州遇到玛氏公司（M&M Mars）的一位销售经理，他把这一转变说得很清楚。"什么都无法与科技创新匹敌，"他说道，"不出50年，我们还在市议会上相互吵嚷的时候，一小群天才早已悄悄把真正的大难题解决掉了。"人们说，解决重大问题靠的是科技，而不是团队的合作。有人会说，我们更相信机器，而不是我们自己。

从前，人们会认为一起努力可以解决问题，现在则打算什么也不做，等着别人来解决问题。这样的转变危机四伏。这样的转变表明，我们既不想承担责任，也不想解决问题。一个人一旦推卸了责任，也就丧失了掌控力、权力和担当。现在世上的硅晶片超过3500亿块，微处理器超过150亿个。据《新闻周刊》报道，世界上每个人都配备两个以上的硅晶片大脑。新思公司（Synaptics, Inc.）CEO费德里科·费金（Federico Faggin）认为，很快就会出现智能机器人，你只需告诉它们要做什么，它们就会想办法完成。科技将操纵我们的汽车、手机、空调、数据库、通信线路、飞行线路和国家安全系统，这些是很多科幻故事里的情节。我们已经将自己对于生活中很多事情的控制权移交给千篇一律配备"智能"芯片的机器。对很多人来说，权力不在他们自己的手中，而在科技手上。结果就是无助感加剧，行动力减退。

岔道三：打鸡血

主题为"向弗雷迪·萨维奇[①]学习终极力量"的活动在凤凰城会议中心（Phoenix Convention Center）举行。这是一场盛事。弗雷迪的一位打扮精致的随行人员把我领到座位上。这时候，通过超级碗级别的音效系统播放出的摇滚乐明显降低了音量。一位主持人拿起台上的麦克风。

[①] 弗雷迪·萨维奇是以我所见过的很多励志演说家为原型虚构出来的人物。

Adversity Quotient

他讲开场白的时候，我环顾场内。我看到了全场观众——这些人在随后的自我介绍里说自己是学生、专业人士、企业家，以及暂时没有工作的人（优秀、认真的人）、管理人员、销售人员、退休人员、工人和家庭主妇。他们把辛苦挣来的钱花在这里只有一个原因，那就是想找到他们沿途丢失的东西——他们的动力。他们想逃脱无处不在的无助感。他们想过得开心。他们想拥有掌控力。

主持人宣布："终于要开始了，你们期待已久的重大时刻即将到来。让我们有请成功之王、个人能力学教授、动力巨人……弗雷迪——萨——维奇！"全场沸腾。

他登场了，与众不同，他就是弗雷迪·萨维奇。他在舞台上跑动，然后抓过麦克风。"Yes！"他的声音隆隆地传出来。

"Yes！"观众大声回应。

"都站起来！"他发号施令。全场2000人立刻站起来。"现在，三个人组成一组！"我们分成三人一小组。"让一个人站中间。快！"一个人跳到中间。"给那个人做全身按摩。快！"

我和一个穿西装的小伙伴把一位素未谋面的社区大学秘书从头到脚搓了一遍。"感觉好吗？"弗雷迪问道。

"好。"300人回答道。

"不是这样，感觉好——吗——？"弗雷迪质问道。

"噢——！好——！"666人大声喊道。

"坐下。"弗雷迪发出指令。所有人都坐下来。

"你们掌控着自己的命运。你们拥有掌控权！"他停下来，对着崇拜他的粉丝闪现一个价值百万的微笑。"你可以跟野牛一起翱翔，可以跟老鹰一起游泳，可以跟鲨鱼一起漫游（诸如此类）。"就这样持续进行了11个小时。2000

> 个来自各行各业的人在认真听取每一个词的时候，我在观察着。全场显然活力满满。我从未见过那么多辛苦工作的人一天搞了11个小时的活动后还能如此精力充沛。他们都像打了鸡血似的！但他们有所改变吗？

在应对日益加剧的日常困境时，人们都想要过得开心。然而，在你坚持不懈地应对日常挑战时，这种"打鸡血"的感觉会持续多久呢？为什么要打鸡血呢？同理，为什么书店的励志图书区会日渐扩大呢？这个趋势显而易见。生活艰难，我们在寻找某样东西，可以带我们挺过去。

越来越多的人偏离了登顶的道路，想要逃离攀登的艰辛。励志的培训项目和产品似乎就是灵丹妙药。寻找见效快、打鸡血的解决办法已然成为登顶路上一条特别危险的岔道。很多人把这看作捷径，但这其实就是死路一条。

当一些技术娴熟的励志大师给你灌输"有价值的养分"时，你得仔细思考一下，或许你也已经体会到这些项目的潜在缺点了，就是鸡血很多而可持续的内容很少。可惜，对很多人来说，某一类书籍、某种程序化的肯定或者某位大师给予的激励可能更像是早晨喝的一杯咖啡，能暂时提提神。你得到了一点点迫切需要的某样东西，于是在一段时间内心情变好。然而，一旦这样东西耗尽，你又迫切地想要一点。

我在博士论文里探讨了拓展训练等领导力和自我发展项目的有效性。这些项目让人去淌沼泽、爬峭壁，并带上最少量的补给独自生存，项目结束时群情激昂。这种激昂状态叫做后群体兴奋（Post-Group Euphoria）。虽然拓展训练之类的项目有个很重要的作用，那就是让人们经历难关并挑战极限，但我发现，鸡血以及随之而来的大量改变生活的动力很快就消亡了。

我在无数场合亲眼见过这种励志现象。激励及其带来的希望会逐渐消退。然而，人们一直在买励志培训班的长期票，还安装卫星电视天线，每天看励志类节目，从而每个月或每天晚上都能打鸡血。对于产值为240亿美元的励志行业来说，打鸡血行为已成为推动其发展的引擎，而且打鸡血会上瘾！

岔道四：无助-无望

美国各大企业的各级人士对于工作越来越无助。他们奋力应对无穷无尽的变化，还要承受越做越多、越赚越少的压力。相当多的人认为做什么都没用。无助的情绪得不到纾解，就会演变成无望。这就是绝望循环（见图2-2）。通过借鉴宾夕法尼亚大学的马丁·塞利格曼博士所做的重大研究，著名的未来主义者、《心智模式》一书的作者乔尔·巴克把无助和无望之间的关系描述成一种反馈环路。无助让人丧失希望，而无望则变成自证预言，证明一个人究竟多么无助。无助和无望相互证实，彼此促进。

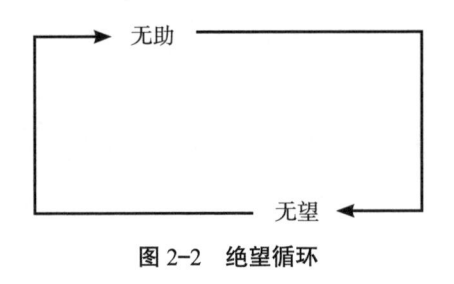

```
    ┌──────→ 无助 ──────┐
    │                   │
    │                   │
    └────── 无望 ←──────┘
```

图 2-2　绝望循环

无望是心灵癌症，会吸干一个人的生命力和活力。全社会的人大都觉得现在还不如他们小时候，就更别说超越了。他们怀疑干出一番事业没什么用，而自己又在碌碌无为的海洋中浮浮沉沉。他们对于自己的生活、未来以及孩子的未来越来越感到绝望。

这条岔道往往会出现在挑战最大、潜在回报最大的地方。很多人不去克服生活的难关，而是斗志涣散，甚至干脆放弃了。

更为保险的道路

与其选择这些岔道,你不如找一条更为保险的道路——学习拥有更高的逆商,我之前已经明确指出了这条道路。后面的章节将会告诉你,究竟需要哪些知识、技能和工具才能坚持目标、保持原路,无论沿途会出现什么挑战都不为之动摇。你不必再受岔道的引诱。你可以坚守原路。

ADVERSITY QUOTIENT
TURNING OBSTACLES
INTO
OPPORTUNITIES

第 3 章

构成逆商的三大支柱

本章的内容是以众多知名学者（我对他们表示衷心感谢）的著作以及35年来的大量研究成果为基础。借此，我首次将若干重大发现整合起来，得出关于人类表现和效能的一种新的实用理论。

逆商是决定攀登能力的潜在因素，是以三个不同科学领域中的重大突破为基础的。每个科学领域的重大突破都形成逆商的一个组成部分，合起来就构筑了人类成功的基础——逆商。

支柱一：认知心理学

这一支柱是关于掌控自身命运这一人类需求的研究成果，内容包罗万象且数量与日俱增。其中包含一些有助于理解人类动机、效能和表现的基本概念。总而言之，这些理论是以世界数百个大学和机构所进行的600多个研究为基础的。

习得性无助：20 世纪的里程碑理论

美国心理学会把习得性无助评为"20 世纪的里程碑理论"，很有道理。习得性无助解释了为什么很多人在面临人生的挑战时会选择放弃或中途退出。因此，这个理论是逆商最重要的组成部分。

大约 30 年前，当时还在宾夕法尼亚大学读研究生的马丁·塞利格曼进行了一项实验，实现了人类心理学领域的一项重大突破。

塞利格曼博士观察了若干次电击狗的实验，他发现，有些狗完全没反应。它们只是躺下来忍受痛苦。当时，心理学领域还没有一种理论能够解释这种现象。

为了弄清楚为什么有些狗直接就放弃了，赛利格曼精巧地设计了两个阶段的实验。

在第一阶段，A 组的狗被背带绑住并受到轻微电击。它们可以用鼻子去按控制杆，让电击停止。很快它们就学会这样做了。B 组的狗也是被同样的背带绑住并受到同样的电击，但它们无法让电击停止。这些狗只能忍受痛苦。C 组是对照组。C 组的狗被背带绑住，但没有受到电击。

第二天，塞利格曼进行实验的第二阶段。他将这些狗逐个放进一个叫作穿梭箱的装置里，这个箱子中间立着一块低矮的挡板。每只狗都被放到挡板的一侧并受到轻微电击。它们只需要跨越矮挡板跳到另一侧就能停止电击。

A 组的狗（可以控制电击）和 C 组的狗（没有受到电击）很快就明白怎样跨越挡板，摆脱不适。但 B 组的狗（不能控制电击）则有不同的反应，它们躺下来呜咽啜泣，没有尝试逃脱。

塞利格曼等人发现，这些狗学会了无助，这一行为几乎摧毁了它们采取行动的干劲。此后，科学家还发现，猫、鱼、狗、大鼠、蟑螂、小鼠和人类都能学到这一特性。习得性无助就是将"做什么都没有用"这一想法内化，从而削弱一个人的掌控感。

科学家们受到塞利格曼这一突破性进展的启发，但并不只是研究其他动物如何体验习得性无助，而是进行了数百项相关研究。这一领域的主要学者包括曾任美国心理学会主席（the American Psychological Association）的马丁·塞利格曼[①]、密歇根大学心理学教授克里斯托弗·彼得森（Christopher Peterson）和科罗拉多大学心理学教授史蒂文·迈尔（Steven Maier）。1993年，他们合著的《习得性无助》（*Learned Helplessness*）一书对该理论的相关研究进行了最完整的概述。

在众多研究习得性无助的实验中，其中有一个例子是这样的。

> 俄勒冈大学的研究生唐纳德·广田（Donald Hiroto）让一群人待在一个房间里，并放出很大的噪音，然后让他们学习如何关掉噪音。他们试着去按控制杆上的各个按键，但都不能让噪音停止，即不管怎么按都关不了。另一组人按对了按键，于是就能关掉噪音。还有一组是没有噪音的。
>
> 类似于电击狗的实验，广田把他的实验对象带到一个房间，让他们逐个把手放进穿梭箱内。要是他们把手放在一侧，那么恼人的噪音会持续。要是他们把手移到另一侧，那么噪音就会停止。
>
> 即使时间、地点和条件变了，但是此前无法让噪音停止的人大多就坐在那里。他们的反应和那些狗的反应一样，都不试着去终结这种令人痛苦的状态。此前能控制噪音的那些人则知道在穿梭箱中移动自己的手，从而关掉噪音。

众多科学家进行的相关实验也得出类似的结果。比如说，纽约州立大学奥尔巴尼分校的霍华德·泰能（Howard Tennan）和桑德拉·埃勒（Sandra Eller）与

[①] 1998年当选。——译者注

49名学生进行了一项研究。他们的研究表明，人们面对无解难题时则学会无助。与面对有解难题的对照组相比，他们之后的表现较差。

习得性无助是指失去了对不利事件的掌控感。或许维克多·弗兰克尔（Vicktor Frankl）的经历就是一个极为生动的例子。他是纳粹集中营的幸存者，也是20世纪一位杰出的心理学家。在《活出意义来》（*Man's Search for Meaning*）一书中，弗兰克尔描述了很多囚犯学会无助的那个时刻。在某个集中营里，警卫在囚犯入狱时就对他们说他们永远也无法离开这里。据弗兰克尔所说，那些相信这一说法的人很快就死了。在没有被杀害的同狱犯人中，那些不相信警卫的不详预言并坚信"这一切都会过去"的人则活了下来。然而，囚犯丧失希望的时刻就是他们起不来床的那天，而那一天就是他们的死期。

有无数人即使在绝境中也会想方设法地去抵御无助的情绪，并克服那些看似无法逾越的障碍。

Adversity Quotient

埃里克·韦恩梅尔（Erik Weihenmayer）生来就患有一种罕见的退化性眼病，13岁时彻底失明。由于他身患残疾，所以别人对他说他永远也做不到其他人能做的事。然而，韦恩梅尔拒不接受这种有限制的人生。在与失明抗争多年之后，埃里克学会欣然接受他的不幸，把这当作自己的一部分。

首先，他加入了高中的摔跤队，当上联合队长，在所属重量级别中排名全州第二。接着，韦恩梅尔开始挑战攀岩——这项活动对那些视力极好的人来说都很困难。"我不会因为失明就不去做有意思的事情。"韦恩梅尔强调道。他接受了自己的不幸——失明，并将之变成自己的优势，利用自己提高后的意识，将鲜少有人能攻克的挑战拿下。

1995年，他登上了20 320英尺高的北美最高峰麦金利山（Mt. McKinley）。1996年，他成为首个登上优胜美地国家公园（Yosemite）酋长石

> Adversity Quotient
>
> （El Capitan）这座3000英尺花岗岩巨峰的盲人。在私立凤凰城中学任教的韦恩梅尔说：“失明只不过是件麻烦事。"关于登山，他说："只是要找到另一种登山方式而已。"

你会发现，埃里克对于自身不幸的反应体现了一种高逆商。选择习得性无助的人坚信"做啥都没用"的威力。而埃里克·韦恩梅尔却凭借高逆商——这是使他能在逆境面前抵御无助感的要素——能在失明的情况下登上了高达3000英尺的陡峭花岗岩石壁。那么试想一下，若你拥有足够高的逆商，该能克服多大的困难啊。

习得性无助是阻碍赋能的明显障碍。毫无疑问，你一定知道自强不息的重要性。孩子要能够对毒品、性和虐待行为说"不"；家长要能够代表孩子行事，营造健康友爱的家庭环境，并引导孩子的健康成长；商业领袖要能够克服每天遇到的各种逆境；你要继续在人生的道路上攀登。

习得性无助和赋能是两个互不相容的词（见图3-1）。它们显然不能共存。患有习得性无助的人无法被赋能，而被赋能的人是不会遭受无助的。习得性无助是阻碍赋能的明显障碍，因此也是阻碍向上攀登的障碍。这是一种可定义的思维模式，会破坏成功的所有方面。

许多大公司正在被一群因习得性无助而变得虚弱不堪的员工所压垮。一位高管讲述了自己如何设法让受习得性无助蹂躏的员工发生改变，"这就像召唤一只关在笼中的狗，"他说，"那只狗自己是不会动的，因为他知道动也没用。"

应对逆境无方的人在生活中时时遭罪。在与众多机构一起进行的研究工作中，我发现，习得性无助会削弱人们的表现、生产力、动力、精力、学习能力、进步程度、冒险能力、创造力、健康、活力、韧性和毅力。因此便有了扎营者和放弃者。

```
赋能（高逆商）
      ↑
      ↕
      ↓
  习得性无助
  （低逆商）
```

图 3-1　习得性无助和赋能

习得性无助会滋长他人的无助感。在昆尼皮亚克学院（Quinnipiac College）教大众传播的格蕾丝·费拉里（Grace Ferrari）针对当地新闻报道的内容及其对人们的影响做了一项研究。她的研究表明，71% 的新闻内容会引发人们的无助感。例如，受害人无法逃脱强奸犯的魔爪而感到无助，或是一对夫妻稍有疏忽便失去了孩子。只有 12% 的新闻内容表现出人们对形势的掌控感！这些情况说明了努力是有用的。

塞利格曼和德维克等人进行的许多研究指出，在孩子很小的时候，我们就把无助感教授给他们。父亲为女儿包办各项事宜，不让女儿应对自己的难题，无意间就将无助感教授给了她；教师把成绩差归咎于智商或性格等稳定的特性，会让学生觉得很无助，而归咎于比较暂时性的原因（如努力程度和积极性）则比较好。

无助感也可以在之后的生活里习得或者增强。比如，如果妻子不断找理由避免与丈夫独处，那么丈夫会不再尝试与之亲近；若老板对员工新颖的观点进行打击，那么他很快就发现大家提出的想法越来越少；若一个人几次三番真心实意地帮朋友戒酒而未成功，那么他最后可能就会放弃。

我们每天都能看见亲密关系、创新工作和进步成果被碾碎。滋生无助感的机会无处不在，但并非所有人都会受到影响，有些人会对此具有免疫力。

对无助感免疫。塞利格曼博士在研究中发现，虽然大多数的狗会习得无助感，但是有些狗却没有习得这种会削弱能力的感觉。它们不知怎么就对此产生免疫力了。塞利格曼试着探究是什么让这些狗与众不同，最后发现是因为它们早先就受到教导，说它们的行为是有用的。因此，在别的狗放弃之后，它们仍在尝试。其实，它们从未停止尝试！后来的研究探索出了可用于抵御无助感的技巧。在第 5 章中，你将会学到一种快速反应系统，从而提高你的逆商，抵御无助，成为攀登者。

归因理论、归因风格和乐观精神

有一种观点与习得性无助密切相关且从中演化而来，即一个人的成功很大程度上是由他归因或应对生活事件的方式所决定的。塞利格曼等人发现，那些认为逆境是持久的、内在的，并在生活中的其他方面也很普遍的人，更可能在生活中遇到各种困难；而那些认为不利事件是外在的、暂时的、影响有限的人，则更可能享有从表现到健康等多方面的益处。

伊利诺伊大学的卡罗尔·德维克是情绪发展领域的一位世界顶尖研究员。她指出，将逆境归咎为稳定性因素（如"我是哑巴"）的儿童比将之归咎为暂时性因素（如"我没有很努力"）的儿童学到的要少。无助的孩子关注失败的原因（通常归咎于自己），而掌控型的孩子关注的是失败的补救办法。无助的孩子把失败归咎于能力不足——这是一种稳定的特性。

在另一项研究中，德维克指出，在面对老师和同伴的批评时，女孩和男孩的表现大不相同。女孩更可能会受到具有永久性和普遍性的批评，如"你的数学不是很好"。而男孩受到的批评却是比较暂时性的，如"你没有集中注意力"。因此，女孩学会把失败归咎于永久性的特质，而男孩则学会把失败归咎于更为暂时性的缘由，如积极性不够。对于殷切教导孩子的家长和老师来说，这些都是有意义的经验教训。

德维克揭示了男性和女性在应对困境上的一项重要差异。由于女性忍耐的特质，她们更倾向于将逆境归咎于自己的错，如愚蠢。而男性则更倾向于把失败归咎于暂时性的因素，如"我不够努力"。我也不断地在逆商培训项目中看到这种差异。

宾夕法尼亚大学的马丁·塞利格曼把这些不同之处称为悲观与乐观。若一个人认为逆境是永久的（"这永远不会改变"）、普遍的（"我会把所有的事搞砸"）和个人的（"这都是我的错"），那这个人就会拥有悲观的归因风格；若一个人认为逆境是暂时的、外在的和有限的，那这个人则拥有乐观的归因风格（见图3-2）。

	应对逆境		
悲观者	永久的	普遍的	个人的
乐观者	暂时的	有限的	外在的

图 3-2　乐观者与悲观者

塞利格曼等人指出，解释风格或者说归因风格，也就是如何应对逆境的方式，在很多领域都是预测成功的因素。塞利格曼等人进行了一项历时五年、涉及数千名保险代理人的研究，发现较为乐观的代理人卖出的保单更多，而且也坚持得更久。乐观的销售人员的销售额比悲观者的高出88%，而悲观者选择放弃的概率是乐观者的三倍，不管天赋如何都是如此。

在研究过程中，他们还招募了一群特殊的代理人，唯一的招募标准就是看这群人如何应对逆境。这群人有个惊人的特点，就是他们在招聘过程中通常会落选，因为他们不符合传统意义上成功代理人的标准。把他们招来是为了进行终极测试，就是要探究一个人应对逆境的方式如何影响他的表现。一段时间后，这群落选者成了绩效最好的销售人员。

另一项历时两年的研究进一步印证了应对逆境的方式与销售能力之间的自然联系。塞利格曼在研究时发现，乐观的房产中介的销售额比悲观者的高出250%

到320%。塞利格曼等人的进一步研究揭示了乐观者和悲观者在应对逆境时的巨大差别。乐观的经理人比悲观的经理人做得好，乐观的学生比悲观的学生做得好，西点军校中乐观的学员比悲观的待得更久。人们通常会选择乐观的领导人，乐观的团队比悲观的团队成绩好……例子数不胜数。在这些例子中，归根结底还是要看一个人如何应对逆境。

通过最大规模的追踪研究，塞利格曼和乔治·维兰特（George Vaillant）指出，乐观应对逆境的人比悲观应对的人活得长。

梅勒妮·伯恩斯（Melanie Burns）和马丁·塞利格曼（均来自宾夕法尼亚大学）指出，人们解释或应对不利事件的方式会在整个生命历程中得以持续（但是，借助本书提供的工具可以忘记旧有习惯并得到永久的改善）。

通过对年长者的日记进行创新性的分析，他们的研究预测出人们在一生中会如何应对逆境。结果表明，这些应对方式保持了52年之久。

与数十家公司的人打交道之后，我发现，破坏性地应对逆境（低逆商）的人会受苦受难，而以更为建设性的方式（高逆商）来应对的人则胜出。若干相关理论证实了这些发现。

根据马丁·塞利格曼、克里斯托弗·彼得森、史蒂文·迈尔、卡罗尔·德维克和受这些人的作品启发的数十位研究者所做的研究，我们得知：

- 习得性无助解释了为什么有很多人会放弃；
- 习得性无助是阻碍赋能的明显阻碍；
- 一旦习得，人们就很容易为自己的无助感找理由；
- 人们可以对无助感免疫；
- 对无助感免疫的人永远不会放弃；
- 抑郁情绪高涨是因为习得性无助的盛行；
- 乐观者与悲观者面对逆境时的反应完全不同；

- 乐观者比悲观者的销售业绩更好、表现得更好、坚持得更久、活得更长；
- 男性和女性受到不同的教导，因此在面对逆境时的反应有所不同；
- 人们可以通过学习来改进应对逆境的方式。

抗逆性和承受逆境的能力

为什么有些人好像能够更好地应对生活中的困境呢？纽约城市大学心理学教授苏珊娜·奥雷特（Suzanne Oullette）花了20多年的时间来研究一种人类特质，她称之为抗逆性（hardiness）。有抗逆性的人受逆境的负面影响较小。

园艺学家用抗逆性来形容植物在休眠之前增厚细胞壁以抵御美国中西部寒冬的能力。人类的抗逆性指的是一个人承受艰难困苦的能力。

在AT&T公司解体期间，奥雷特针对伊利诺伊州贝尔电话公司的高管进行了一项大型研究。她发现，面对大规模改组、不确定性和压力等难题时表现出抗逆性——这是一种可预见的挑战意识、使命感和掌控感——的高管遇到的困难比抗逆性较差的人少一半。抗逆性是健康和整体生活质量的预测指标。

奥雷特还发现，在一项针对数百位女性进行的研究中，在有关抗逆性的问卷上得分较高的人患有的身心疾病则较少。

而在另一个研究中，奥雷特等纽约城市大学的研究者发现，在高危孕妇中，抗逆性较强的孕妇在危险解除后的一到三个月内显示出的焦虑、抑郁等后遗症较少。抗逆性强的人遭受的苦难较少，受苦的时间也较短。

亚利桑那州立大学的心理学家莫里斯·奥肯（Morris Okun）在1988年的一项研究中对33名风湿性关节炎女病患的抗逆性进行测量，结果进一步验证了抗逆性和表现之间的联系。奥肯发现，抗逆性较强的女性所拥有的T细胞比例明显较多，也就是说她们的免疫系统比较强。抗逆性较差的人拥有的B细胞较多，发病的概率较大。

马萨诸塞大学医学中心（the University of Massachusetts Medical Center）减压诊所的负责人乔·卡巴金（Jon Kabat-Zinn）发现，能让人提高意识、学会应对痛苦的身心技巧能够在八周内显著增强抗逆性。

受害者还是掌控者？ 抗逆性与乐观一样，也是逆境条件下身心健康的重要预测指标。把逆境当作机遇并怀有使命感和掌控感，也就是我所说的"化危为机（Advertunity）"的能力，就会一直很强大，而惨遭逆境所害并以无助的态度回应的人就会变得软弱。

在第1章中，你了解了逆境悖论（Adversity Paradox），即随着困难加剧，能够坚持下去解决难题的越来越少（见图1-4）。逆境也会让很多认为"体系"是万恶之源的人滋生受害者心理。我们可以看到，在司法机关以及负责政府福利项目的各部门中，受迫害情结迅速蔓延。"受害者"无法对自己的行事结果担起责任。

不管什么时候公布企业裁员的消息，逆商的作用和受害者心理都会很明显。逆商高的人很快就会恢复，他们带着"化危为机"的意识去应对，而逆商低的员工立马变成体系的受害者。他们认为，体系比他们强大而且不受控制、影响深远，但解决问题是别人的事。一些人将难题接管了过来，而一些人则选择了放弃。虽然逆境是切切实实的，但受迫害心理却不是绝对的。

当人们普遍逃避责任时，受害者的感觉散发着无助的气息，并诱导人们选择放弃而不是攀登。结果会影响人们的活力、表现、态度、干劲和寿命等。

掌控与健康。从本质上说，抗逆性与习得性无助和归因理论类似，都是关于掌控的，即掌控自己的生活。社会心理学家埃伦·兰格（Ellen Langer）和时任宾夕法尼亚大学校长的朱迪思·罗丹（Judith Rodin）进行了一项研究，结果表明，在入住养老院的人中，有机会与自己能掌控的事物进行互动的人活得更长！这项实验给每位老人分发一棵植物，其中一些人的植物由工作人员负责照看，而另一些则由老人独自照看，一年半以后，前一组人的死亡率是后一组的两倍。由此可见，掌控感是避免习得性无助、培养抗逆性和提高逆商的一个基本要素。

韧性：培养无敌小孩

《美国新闻和世界报道》（US News & World Report）的封面曾刊登出一则新的研究内容，称有望让孩子们对逆境免疫。儿童心理学家艾美·维纳尔（Emmy Werner）于40年前在夏威夷开始了自己的研究，专门研究有童年创伤的年轻人。维纳尔以为看到创伤会被一代代传下去，但结果发现，三分之一的孩子战胜了创伤，走向了成功而不是灾难，并拥有了心理韧性。

1992年，飓风"伊尼基"袭击考艾岛，时速160英里的大风让六分之一的人无家可归，但似乎放过了那些心理韧性强的孩子所住的地方。这些孩子现在30多岁了。维纳尔发现，他们的幸运是自己创造出来的。心理韧性强的孩子比心理韧性弱的孩子更善于做计划和准备。他们虽然无法避免暴风雨这一逆境，但却能掌控某些因素，比如用木板加固房子、购买保险、拥有必要的经济保障以应对损失。据维纳尔所说，心理韧性强的孩子是"计划者、问题解决者和快速学习者"。心理韧性差的孩子就会直接放弃了。

维纳尔的研究十分及时，因为孩子面临的难题越来越多。五分之一的孩子生活在贫困中，而且虐童、吸毒、青少年暴力和未成年怀孕等现象激增，因此现在比以往任何时候都需要培养孩子的心理韧性。

与基因不同，心理韧性是可以培养的。这方面的研究重塑了我们对于逆境的理解。童年时期就遇到困难并能克服困难的人在之后的生活中会过得更好。《美国新闻和世界报道》指出，与成长过程中压力较小的人相比，这些人的婚姻会更牢固、身体会更健康。到了中年，这些心理韧性强的人更有可能过得幸福，而且患上心理疾病的概率会减少三分之一。

> 我们天生都有一定的韧性。直到韧性受到考验时……我们才

意识到内在的力量。

奎西·姆费姆（Kweisi Mfume），全美有色人种协会（NAACP）负责人

全国各地涌现出培养孩子心理韧性的课程，逆商可能会在其中起到关键作用。永久性提升应对困境的能力，对于孩子的未来是至关重要的。每个孩子都必须培养将挫折变成机遇的能力。

我从不相信逆境预示着失败。相反，逆境可成为力量的源泉。

戴安·范斯坦（Diane Feinstein），美国参议员

与乐观者一样，心理韧性强的人能够从逆境中迅速恢复过来。他们是攀登者。这种能力并非源于逆境本身，而是源于他们应对逆境的方式。

根据奥雷特、维纳尔等人所做的研究，我们知道：

- 抗逆性和韧性是表现和健康的预测指标；
- 抗逆性是基于承诺度、挑战意识和掌控感；
- 拥有抗逆性和/或韧性的人能更好地应对逆境。

自我效能、内外控倾向

"有能力掌控生活和应对挑战"这一信念，就是心理学家所说的自我效能，也就是说发挥作用的是你自己。斯坦福大学心理学家、自我效能领域的主要研究员阿尔伯特·班杜拉（Albert Bandura）说得很明白："有自我效能意识的人可以从失败中恢复回来，他们处理事情时考虑的是如何应对而不是担心哪里会出问题。"

1966年，朱利安·罗特（Julian Rotter）提出，比起认为自身赏罚源于运气、

天气、际遇等外界因素（外控倾向）的人，认为自己可以掌控自身赏罚（内控倾向）的人比较不会感到抑郁。前者易于消极接受赏罚，而后者则会积极争取奖赏或避免惩罚。前者比较容易抑郁。此后，罗特的研究成果得到了全世界其他研究者的证实和进一步发展。

与前面提到的理论相同，内外控倾向说的也是对人生事件的掌控、积极性和成功之间的关系。

关于掌控感的重要理论

从这些关于习得性无助、归因理论、归因风格、乐观、抗逆性、韧性和内外控倾向的大量研究中，我们可以得出一些重要的结论。

从所有这些理论中，我们知道：

- 人们对生活的掌控感会大大影响其成功；
- 应对逆境和解释逆境的方式会大大影响并有效预测成功；
- 人们会以特定的方式应对逆境；
- 这些反应模式若没有节制，就会在整个生命历程中保持一致；
- 这些反应模式是潜意识的，并会在人的意识之外自行发挥作用。

我们可以做进一步假设：

- 若能测量并增强应对逆境的方式，那么就能促进生产力、表现、活力、韧性、健康、学习能力、进步程度、积极性和成功。

逆商在生活中的作用

掌控感和应对逆境的方式即使不能决定也会影响这些有科学依据的、隐含的成功因素的。以下这些因素涵盖了攀登所需的一切条件。

竞争力。詹森·萨特费尔德（Jason Satterfield）和马丁·塞利格曼进行了一项研究，分析萨达姆·侯赛因和乔治·布什在海湾战争期间的措辞。他们发现，应对逆境时更加乐观的一方可想而知会更有侵略性、更冒险，而较为悲观的则会更消极、更谨慎。

建设性地应对逆境的人更善于保持竞争成功所需的精力、专注力和活力。破坏性应对的人则容易丧失精力，或者干脆不再尝试。竞争基本上拼的是希望、敏捷性和韧性，这些都是由应对挫折和挑战时所采取的方式决定的。

生产力。在企业内进行的诸多研究表明，破坏性应对逆境的人在效率上远远比不上建设性应对逆境的人。1996年，我为六大会计师事务所中的一家进行了一项研究，就是将其员工的逆商与他们在领导眼中的表现进行比较。初步结果表明，员工的表现与他们应对逆境的方式密切相关。通过在全球举办逆商培训项目，让企业领导清楚地看到，高逆商的人在生产力上远远超过低逆商的人。塞利格曼在与大都会人寿保险公司打交道的过程中发现，没有妥善应对逆境的人销售量较低、生产力较低，表现也较差。

创造力。创新本质上就是心怀希望的举动。想要创新就要相信此前不存在的东西可以成为现实。未来主义者乔尔·巴克认为，创造力也是源于绝望。因此，想要创新就要能够克服不确定性这个难题。若你认为自己做什么都没有用，那你怎么可能会有创造力呢？我见过习得性无助是如何将聪明能干之人的创造力碾碎的。承受不住逆境的人是不会有创造力的。

动力。我最近让一家药企的一位主管按照其团队成员所表现出的动力，对他们进行排名。然后我们衡量了团队成员的逆商。毫无例外，高逆商的人都是最有动力的，每天的情况和长期的情况都是如此。

冒险。缺乏掌控感就会不去冒险，其实，冒险也毫无意义。认为做什么都没有用的话，就无力去探索未知的领域。萨特费尔德和塞利格曼的研究表明，风险是攀登过程中必不可少的一部分。

进步。我们身处在一个为了生存需要不断进步的时代。无论是在工作还是在生活中，都必须提升自己，从而避免在职业生涯和人际关系中被淘汰。在衡量游泳运动员的表现和逆商时，我发现，逆商较高的人进步了，而逆商较低的人则退步了。

毅力。毅力是攀登和逆商最根本的部分。这是一种在挫折或失败面前仍继续尝试的能力。长期来看，没有什么品质能比纯粹的坚持带来更多的成效了。塞利格曼指出，妥善应对逆境的销售人员、军校学员、学生和运动队能够从失败中走出来并坚持下去。拙劣地应对逆境的人则会放弃。逆商决定了坚持所需的韧性。

学习能力。信息时代的核心内容是需要不断积累和处理源源不断的知识流。你可能会想起，塞利格曼等人曾指出，悲观者认为逆境是永久的、个人的、普遍的（如图3-2所示）。卡罗尔·德维克指出了悲观应对逆境的孩子，要比乐观的孩子学到的少、收获的少。

拥抱变革。我们经历着持续不断的诸多变革，因此，应对不确定性和动荡的能力就显得非常重要。面对岩石滑落、多变的天气、突发的洪水、火山爆发，即使是技巧最好的攀登者也会觉得头疼。为了获得成功，就必须有效地应对和拥抱变革。然而，若你认为做什么都没有用，那么就会觉得自己被变革压倒而不能有所作为。其实，这可能就是诱导你放弃的原因。

莫特公司的高管和经理利用逆商来让其员工更加愿意接受变革，从而加速公司的改革进程。集体的变革始于个人。若能改变一大群人的逆商，那么改革就能变得更加顺畅、高效。变革就会成为员工生活中受欢迎的一部分，而不是难以应付的负担。

我在工作中遇到的人大多认为变革是难以应付的。他们认为变革是一种持续不断、影响深远的威胁，不受他们的掌控。而逆商的培训项目中就出现过一种明显的行为模式：拥抱变革的人很可能就是最能建设性地应对逆境的，他们以此来增强自己的决心。他们本着"化危为机"的态度来应对逆境。而被变革压垮的人也会被逆境压垮。

美国西部公司的丹佛办事处要进行重大改组,并需要裁员。面对这样的情况,认为自己能够掌控自身处境的员工更有可能会留任并且表现良好。而感到无助的员工则在健康、积极性和表现上会出问题,他们更有可能会扎营或放弃。

韧性、负担、压力和挫折。你的生活大概不会没有压力。不管是在不断前进的日常工作中所产生的压力,还是更大的挫折,如失去心爱之人、关系破裂、失业、遭遇经济困难、生病或受伤、孤独,你也许对疼痛不会陌生。无法妥善应对逆境的人通常被挫折压倒。有些人会慢慢恢复过来,而其他人则永远都缓不过来。

更加极端的情况是,缺乏掌控感会让你丧失心理韧性,也就是复原的能力。攀登者肯定是心理韧性强大的人。他们一直在应对攀登的艰难和不可预见性。有时候,当你沿着某条路努力向前、向上时,却遇到了无法逾越的困难,心理韧性则能让你重新爬起来。有时,攀登者也会倒下。但只要攀登者的心理韧性足够好,就能够从失望和疲惫中恢复过来,然后重新选一条路;而有时候需要以退为进,然后再继续攀登。

抗逆性领域的著名研究者苏珊娜·奥雷特证明,在逆境中表现出抗逆性,即掌控感、挑战意识和承诺度,则在困境面前能保持韧性。缺乏掌控感、挑战意识和承诺度则容易受到困境的打压。我自己的研究中也证实了这一点。儿童心理学家艾美·维纳尔发现,积极应对挫折的人韧性强,能从巨大挫折中走出来。

培养韧性强大的游泳运动员

1996年,我在北亚利桑那大学的高海拔训练基地(the High Altitude Training Complex)开始研究逆商与表现之间的关系。这个基地吸引了奥林匹克选手前来训练,尤其吸引了那些渴望通过海拔7000英尺的训练环境来提升自己的运动员。

ADVERSITY QUOTIENT
TURNING OBSTACLES INTO OPPORTUNITIES | 逆商
我们该如何应对坏事件

我和研究团队成员对全美大学生体育协会（NCAA）一级运动队进行研究，测量了队员的逆商。接着，我们让游泳运动员下水，让他们游出自己50米的最好成绩。然后我们告诉他们各自的成绩，但这些成绩是伪造的。根据塞利格曼之前所做的研究，我们给游泳选手的实际成绩加上了1.2秒，却不让他们知道。很多人听到自己的成绩后非常心烦。然后，我们让他们再游一次。在没有任何对手的情况下，逆商排名前一半的人都在受挫后游得更好，而排名后一半的人则速度变慢了。

逆商能准确预测运动员应对逆境的能力。这一发现很重要，但关键在于，逆商是否可以提高？

接下来，我们让这些优秀的学生运动员参与一个项目，让他们学习科学提高逆商的技巧。标准版逆商培训项目耗时一天，当时进行的是缩减版。我们没有透露自己的意图，只对他们说这是一个运动心理学项目。紧凑的训练结束后，所有游泳运动员的逆商都得到大幅提高。第二天，我们进行同样的游泳测试。86%的人提高了从挫折中复原的能力和整体表现。逆商还可以预测出谁会进步、谁会获胜，而且通过提高逆商，从而对他们的表现水准产生很大的影响。另外，我们正在研究利用逆商来提高招募的准确度和运动员的运动成绩。

克服逆境的能力很重要，长久以来催生了许多励志的故事，但似乎这一品质是一个人生来就拥有或缺失的。现在我们对此有了更进一步的了解。克服逆境的能力可以帮助每一个人，无论这个人是多成功或多穷困，而且这种能力是可以学会的。

预测逆商

人们并非凭直觉就能预测一个人会如何应对逆境。我们的研究得出一个非常重要又有些令人惊讶的结果：技巧纯熟、经验丰富且十分成功的教练都无法准确预测运动员会如何应对一个较差的比赛成绩。我们让教练预测谁会进步、谁会退步,即使是认识这些运动员长达四年之久,教练也只说对了25%,而瞎猜都有50%的正确率呢!

人们并非凭直觉就能准确判断逆商,必须要进行科学的测量。

心理健康。逆商和心理健康关系密切。在与习得性无助相关的大量研究中,有一项研究找出了这一征状与抑郁之间的密切关系。酒精、药物滥用和心理健康机构(Alcohol, Drug Abuse, and Mental Health Agency)的前负责人杰拉尔德·科勒曼博士(Gerald Klerman)首创"忧郁时代(Age of Melancholy)"一词来形容当今这个时代。科勒曼助推的两项大型研究表明,抑郁在人生中出现的时间提前了,而且抑郁的人数空前地多。正如塞利格曼等人指出的,抑郁症的蔓延、习得性无助的流行和逆境时代同时发生。因逆境而受伤的人容易感到无助,转而觉得抑郁。

身体健康。在此类规模最大的追踪研究中,克里斯·彼得森、乔治·维兰特(斯坦福大学)和马丁·塞利格曼证实,悲观(我认为这可以等同于低逆商)是日后生活中的一大健康风险。25岁时身体健康的悲观者到了45至60岁健康状况就会比乐观者(也就是逆商高的人)差。韧性研究进一步指出,能从逆境中恢复过来的人健康状况较好。

据《明尼阿波利斯论坛报》(*Minneapolis Tribune*)报道,杜克大学的心脏病专家丹尼尔·马克博士(Daniel Mark)证实,逆商对于重大手术的术后恢复起到重要的作用。这项研究询问了1719名接受心脏导管插入手术的男女患者,以评估他们应对心脏病这一难题的方式。有的认为这个问题很严重,而且会持续很久(低逆商);有的则认为这个问题是有限的、短暂的(高逆商)。前者的死亡率是后者的两倍多。

在后续的研究中,蒙特利尔心脏病研究所(the Montreal Heart Institute)的南希·弗雷索尔-史密斯博士(Nancy Frasure-Smith)发现,在222位心脏病患者中,以抑郁和焦虑来应对逆境的人，其死亡率是乐观应对者的 2~3 倍。

显然，逆商或者说应对逆境的方式，是身心健康方面的一个新兴且基础的因素。

活力、幸福和喜悦。在最主观的成功因素中，活力、幸福和喜悦可能是最重要的。只能这么说：在充满困难的世界里，能够克服并攀越逆境的人才体会到最大的喜悦。认为逆境影响深远、无法掌控、持续很久的人最有可能受到伤害。上文提到的韧性研究已证实，小时候就培养了韧性的人成年后会更幸福。

没什么比相信无法掌控影响深远且持续很久的逆境更容易让你丧失活力、幸福和喜悦的了。当你看到你的生产力、创造力、动力、精力、韧性和健康都变差了，你就会开始理解这样一种破坏性应对逆境的方式是如何让一个人丧失生命力的，而你本可以选择开心乐观地应对。这种悲剧的损失导致人们在生命历程中没有了让旅途变得愉悦的热忱、激情或狂热。

这项备受赞誉的习得性无助研究与抗逆性、韧性、自我效能，以及内外控倾向方面的研究共同解释了为什么有的人成为放弃者或扎营者，为什么他们选择放弃、表现不佳、生产力不足、没有创造力、逃避变革、没有动力、缺乏精力、不够坚定、心情抑郁、无法被赋能、容易生病、缺乏毅力、容易崩溃和畏惧竞争。

逆商的第一个支柱部分与第二个支柱部分有着密切的关系。后者会回答这样一个问题："应对逆境的方式与身心健康有什么关系呢？"

支柱二：健康新论

我们对于健康和人类表现的理解正在发生重大改变。数百年来，由于 17 世纪优秀思想家的学说，尤其是法国医生、哲学家勒奈·笛卡尔（René Descartes）的观点，科学家们一直把身心当作相互独立的实体。这一观点一直延续到今日。有人认为身体只是将大脑从一个地方带到另一个地方的工具而已。这种二元论引发了对西医的强烈批判，因为西医治疗的是病症而不是病人、疾病和病因，而且西医一直以来关注的是疾病而不是健康。

于是，科学家们开始探索健康的奥秘，而且也更懂得如何找出引起各种身体状况的潜在原因。因而很多人发现自己进入了新的领域，并质疑以前的思维模式。他们想知道：

- 为什么有些人更能经受重大手术的考验，比其他人恢复得更好；
- 为什么有的人上了年纪还能保持活力，而与他们遗传基因相似的人年纪轻轻就体虚多病；
- 大脑活动是如何影响癌症、糖尿病或其他大病的患病概率的；
- 特定的思维模式或情绪对健康有什么影响。

心理神经免疫学领域的最新研究回答了其中的一些问题。比如说，研究证明，人的想法和感受与其体内的活动有着直接而显著的联系。

《免疫力性格》（*The Immune Power Personality*）的作者亨利·卓尔（Henry Dreher）说过："许多免疫学家惊讶地发现，我们的想法和感受是由大脑中的一些化学物质传达的，这些物质也会调控身体的防御系统。也就是说，传递人类情绪的化学物质会直接影响人类的身体健康。"

应对生活事件的方式可以对健康和攀登能力产生重大的影响。很多激动人心的新发现证实了这一假设。

早在20世纪50年代，劳伦斯·莱尚（Lawrence LeShan）就看到，癌症患者在确诊不久之前常会出现病情急速恶化，同时失去掌控感。他发现，他们对于这件事（逆境）的反应比逆境本身更重要。

对生活的掌控感，对情绪和身体健康起着至关重要的作用。你可能会想起上文中耶鲁大学的研究。在这项研究中，埃伦·兰格和朱迪思·罗丹发现，在18个月的时间内，有基本掌控权的老人（可以决定何时浇灌自己负责的植物等简单的事情）会比没有掌控权的老人更积极、更快乐，而且活得更长。掌控感是免于疾病并拥有健康生活的关键因素。

英国的一项开拓性研究对 69 名患乳腺癌的女性进行了五年的追踪调查。结果表明，拥有"抗争精神"的人病情不易复发，而以认命和无助的态度来应对初步诊断结果的人则容易病情复发或是丧命。

在之后的一项研究中，塞利格曼对 34 位乳腺癌患者的乐观程度进行了评估。结果表明，建设性地应对生活事件的人活得最长。

时任耶鲁大学医学院儿科护理学院（the Department of Pediatric Nursing at Yale School of Medicine）院长的马德隆·维桑泰内（Madelon Visintainer）在宾夕法尼亚大学做了一个非常成功的实验。实验中，她给老鼠注射了一定量的癌细胞，然后把老鼠分成三组。她让一组学会掌控，也就是学会按下控制杆来关掉电击；让第二组学会无助；而第三组为对照组，心理状态保持不变。无助组的患癌率是掌控组的 2.5 倍还多，是对照组的两倍左右。该实验率先证实，习得性无助，即掌控感缺失，不仅会引发癌细胞的扩散，甚至还能引发癌症。

此后，明尼苏达大学指出，与对未来不抱一丝希望或缺乏掌控感的患者相比，满怀希望的患者似乎在重大心脏手术后康复得更快。

情绪和思维模式对于心理和身体健康起着非常重要的作用。史蒂文·洛克博士（Steven Locke）对一群哈佛大学本科生的压力强度、应对逆境的方式以及免疫力进行了研究。他发现，"应对不佳的人"，也就是在压力（这是一种逆境）面前表现得非常抑郁和焦虑的人，其体内的白细胞要弱得多。应对逆境的方式会影响免疫系统的化学成分和功能。

著名的网球冠军阿瑟·阿什（Arthur Ashe）因输血感染艾滋病而离世，数月之前，即 1992 年 12 月，《体育画报》（Sports Illustrated）如此评价他：

> 若体育精神也意味着能将失去转变成新生的、有竞争力的、有创造力的火焰的话，那么阿什就是无与伦比的……

这篇文章记述了阿什如何借助自身的困境改变社会对艾滋病的看法，并为艾滋病研究募集无数资金。阿瑟·阿什应对逆境的方式非常积极。阿什是确诊弓形虫病（一种脑部感染）后活得最久的患者，也是确诊艾滋病后活得很久的一名患者，这并非巧合。他的逆商，即把逆境转变成机遇的能力，被认为非常有助于让免疫系统长时间保持强大，并得以正常运转了这么长时间。

加州大学洛杉矶分校医学中心（UCLA Medical Center）的精神病学和生物行为学教授乔治·所罗门（George Solomon）证实，破坏性地应对逆境会让HIV病毒携带者体内有助于抗感染的T细胞更快速地减少。当然，某些疾病才刚刚出现。总之，越来越多的研究表明，逆商的确与健康有直接关系。

一个人总是会为自己的低逆商付出代价的。比如说，克里斯托弗·彼得森对122位心脏病首次发作的人进行研究，研究他们是如何应对生活事件的。八年后，最具有破坏性应对模式的（认为逆境是内在的、持久的）25人中有21人去世。最具有建设性的（认为逆境是暂时的、外在的）25人中只有6人去世。他们应对逆境的方式比其他任何医学因素（包括他们的动脉堵塞症状、心脏病首次发作造成的损伤、胆固醇含量或血压值）更能预测出存活率。与较为破坏性应对逆境的人相比，较为建设性应对的人恢复较快且并发症较少。

对健康产生影响的还有我们表达感受和与他人相处的能力。波士顿大学著名的心理学教授大卫·麦克莱兰（David McClelland）通过各种研究证实，某些情绪能准确预测健康状况。与心怀信任的人相比，心有怀疑的人患上重大疾病的概率要高出一倍。

南卫理公会大学心理学教授詹姆斯·佩尼贝克（James Pennebaker）通过一系列相关研究证明，把自己的感受写出来会对自身的免疫系统产生积极、持久的影响。他对记日记的人进行了测试，结果表明，与不记日记的人相比，这些人的免疫功能大大增强。这些益处让他们的免疫力得以不断提升，而且他们看病的次数也比对照组少。把内心的感受写出来会让体内发生化学变化，让人变得更加健康，可能是因为这样做增强了人们的掌控感。

塞利格曼等人做了数十项研究，其中一项非常强有力且证据十分充足的研究发现就是习得性无助和抑郁之间的因果关系。要是你认为自己做什么都没有用，那么就很容易抑郁，这是完全说得通的。各年龄层都有在受抑郁影响的人，尤其是年轻人的比例迅速上升，逐渐培养人们战胜逆境和掌控生活的能力就变得尤为重要了。

实际上，彼得森、维兰特和塞利格曼的研究说明，患上习得性无助（这是一种十分恶劣的应对方式）的人寿命更短！

心理神经免疫学领域的众多研究表明：

- 应对逆境的方式直接关系到身心健康；
- 掌控感对于健康长寿至关重要；
- 应对逆境的方式（逆商）会对免疫功能、术后恢复和致命疾病患病率产生影响；
- 以软弱的方式应对逆境会导致抑郁。

支柱三：脑科学

最近在神经生理学（脑科学）方面取得的突破性进展，让我们更加清楚地看到逆商是如何形成的，以及如何改变逆商并培养攀登者的心智习惯。如何进行学习？如何培养思维或行为习惯？借助电脑成像技术领域的新发现，科学家们现在可以观察大脑内的活动。

多年来，我在数百场讲座中听到十几个"专家"站在众人面前声称"养成一种习惯需要 21 天""21 天后你肯定能养成这个习惯"。于是我联系这些"专家",对他们说我对此感兴趣,想要了解更多。我问他们这个 21 天创奇迹的出处是哪里,他们通常就会说:"把你的名片给我,我了解清楚后会给你打电话。"不用说,我从未接到过他们的电话。实际上,就连我打给他们的时候,也没人给出那个问题的可靠出处。

如此徒劳之举反而让我好奇想弄清楚习惯是如何养成的,以及培养新的、更有建设性的习惯需要多长时间。我决定亲自找出答案。我首先联系了加州大学洛杉矶分校医学中心神经生理学科的负责人马克·努维尔博士(Mark Nuwer)。

我问了重要却难以回答的问题:"养成习惯需要多长时间?"我以为会听到关于习惯养成(就算不需要几个月,肯定也要几周)的各种科学性的复杂的理论。

"你学了多久才知道不要去碰热炉子?"努维尔答道。

"大概一秒钟。"我很配合地说道。

"其实,是 100 毫秒。"

我顿在那里,大为震惊。"您在说什么,努维尔博士?"我问道,想听他亲口说出来。

"你碰到热炉子的时候,大脑内会发出响亮的警报,立刻让你意识到自己的手放在了哪里。"努维尔说,那声响亮的警报能让人理解产生于基底神经节(大脑中的一个潜意识、无意识的区域)的潜意识思维模式,并将之传递到大脑的意识区(大脑皮层)。

我对努维尔博士说明了这对应对逆境的方式会有什么影响。我列举了低逆商可能产生的后果以及高逆商可能带来的好处。"这听起来像个响亮的警报!"努维尔回应道。

由此可见,逆商可以在瞬间改变,进而改变人的一生。这是一个很大的发现。

剖析习惯

努维尔博士告诉我,学习过程发生在位于大脑表层的意识区,即脑灰质。这个区域被叫作大脑皮层。最初的学习是一件血氧充足的事情。你很清楚自己在做什么。要是你见过小孩子开始学刷牙或系鞋带,你就会看到他们在学习这些新技能时非常专注。

但是,一种新的思维模式或行为经过反复践行后,久而久之就会进入大脑的潜意识、无意识区域。这个区域叫作基底神经节(见图 3-3)。你做某件事做得越多,这件事就越发变成无意识和潜意识的。这个习惯会立即改变,并随着时间的推移得到强化。

第一阶段
有意识的活动
大脑皮层

第二阶段
潜意识的活动
基底神经节

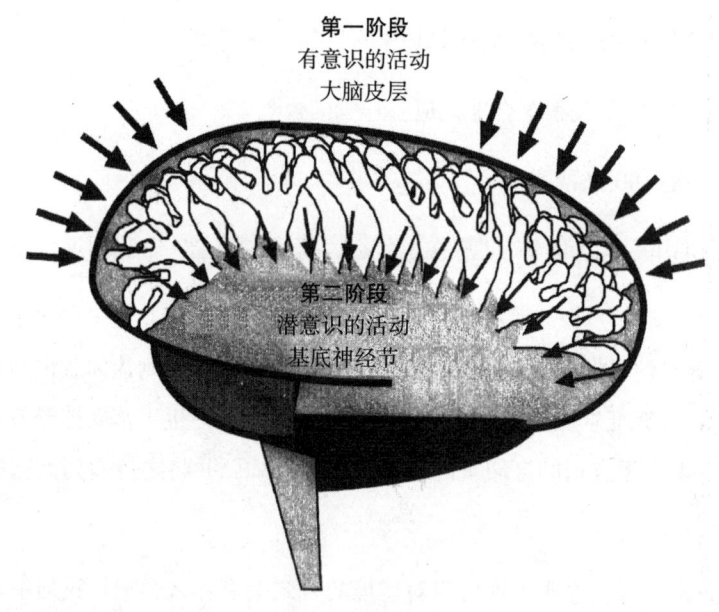

图 3-3 剖析习惯

如果我让你去一个没有路的地方做徒步旅行会怎样?这会对你的速度和效率产生什么样的影响?显然,这会大大降低你的速度。在大脑中同样如此。该开始的时候，神经学上的"道路"还未被开辟，因此神经上的连接是比较低效的。当你越是做某件事或越想某件事时，这些连接就变得越高效。实际上，大脑中的连接物（树突）会变厚，处理神经冲动的速度也变得更快。

你反复地做某件事或想某件事，大脑为适应这一情况就会开辟出更加密集和高效的神经通路（见图3-4）。这条"道路"最终变成了神经学上的"高速路"。这是行为习惯的部分生理结构。

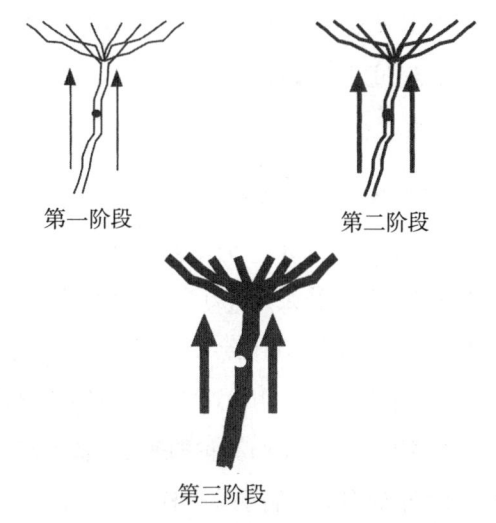

第一阶段　　第二阶段

第三阶段

图3-4　大脑通过开辟神经通路来适应新情况

我对来自加州大学圣迭戈医学中心（San Diego Medical Center）、时任神经科学学会（the Society of Neuroscience）主席的拉里·斯奎尔博士（Larry Squire）的采访进一步证实了这个说法。据斯奎尔博士所说，当人们反复想某事或做某事时，大脑中的突触就会增强，就会为通路构建出更多的神经递质和神经末梢。斯奎尔博士描述了皮质结构的发展变化，也就是人们形成某种思维或行为模式并反复践行的时候，大脑所发生的变化。

若你能窥视安德烈·阿加西（Andre Agassi）的大脑并找到与网球的正手击球

ADVERSITY QUOTIENT
TURNING OBSTACLES INTO OPPORTUNITIES

逆商
我们该如何应对坏事件

动作相关的区域，那你就会看到与这一动作相关的一系列密集而高效的神经通路。新兴的正电子发射断层造影术（Positron-emission tomography）让我们能够看到大脑内部的情况。借助这一技术，你就可以看到他大脑内的那个区域得到了更为密集的发展。然而，要是你想在我的大脑内找到与正手击球动作相关的密集树突，那你就要失望了！

与努维尔和斯奎尔博士交谈之后，我也采访了其他的神经生理学家。他们的意见相同。他们的研究发现主要是说大脑有一种神奇的能力，就是能够接受反复践行的想法或行为，并将其硬连接到潜意识、自动的模式或习惯上。这个过程始于你首次有意识的选择，经过反复践行之后，这种习惯就开始转移到潜意识区的隐蔽位置。

这就是神经学上"仅供习惯通行"的高速专用道。相比较随意的想法或是神经冲动，这条道路或是说神经通路，能够让习惯运行得更为直接、可测和高效。当你想要学习一项新技能的时候，这往往是一件好事。然而，不好的地方是，你越频繁地反复践行某种破坏性的想法或行为，它也会变得更为深切、快速和无意识。如果你习惯了开车超速，那么有可能你会无意识地这样做。可能有时候你会减速，但当你走神的时候，就会发现自己正以每小时80英里的速度在高速路上狂飙（只要交通条件允许就行）。大脑就像汽车的巡航控制系统一样，能够非常高效地遵守加速所需的行为模式。直到你在后视镜里看到红灯，或是你16岁的孩子问道："为什么你能超速，而我超速的时候你就骂我呢？"你才意识到这是个破坏性的行为模式。逆商会让这些"警报"把你唤醒，立即将变化触发成更具建设性的习惯（以更接近于速限的速度行驶）。同样的道理，你越频繁地践行某种建设性的想法或行为，它就会变得更为深切、快速和无意识。或许你会非常熟练地梳头发、扣上衬衣的纽扣、系鞋带。你做这些事情的时候想都不用想，但这些事能让你避免很多令人尴尬的注视！

要抛弃不好的或破坏性的习惯，如低逆商，就必须从大脑的意识区域开始，开辟出新的神经通路。努维尔博士指出，这可以在瞬间实现。改变可以瞬间实现，而原先的破坏性模式会因得不到应用而退化。

前沿神经生理学家的研究表明：

- 大脑能够塑造习惯；
- 习惯在大脑的潜意识区里变得根深蒂固；
- 潜意识习惯（如逆商）可以立刻发生改变，构建出长期强化而成的新习惯。

认知心理学、神经生理学和心理神经免疫学共同构成了逆商（见图 3-5）。于是得出了用以提高人类效能的新观点、新的衡量方法和新的工具。

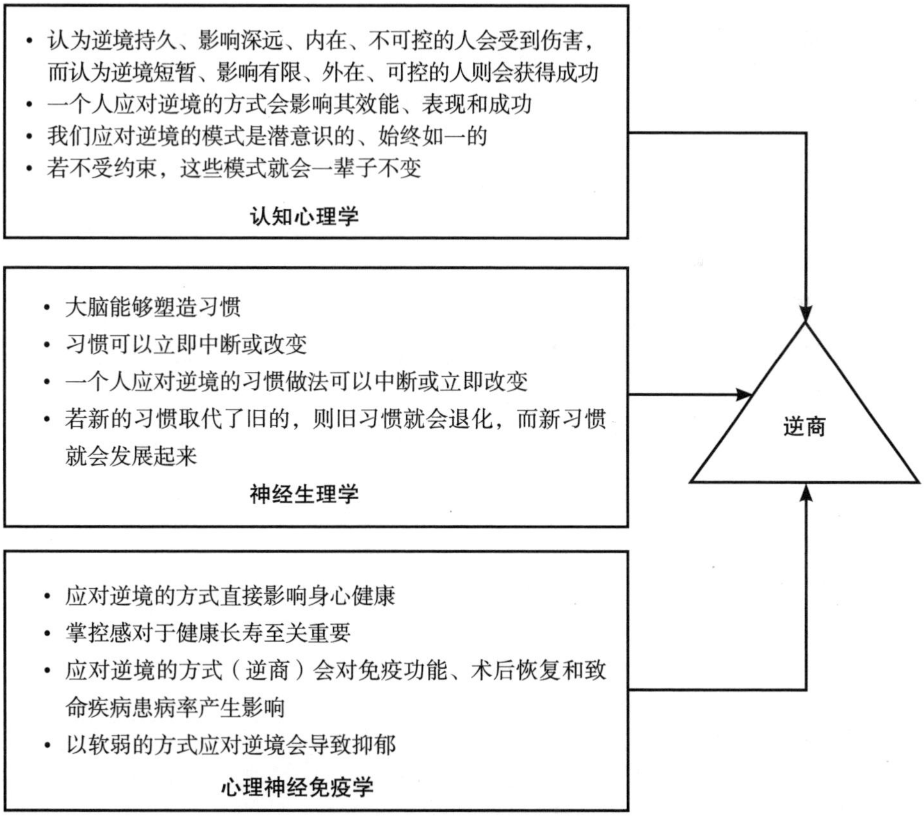

- 认为逆境持久、影响深远、内在、不可控的人会受到伤害，而认为逆境短暂、影响有限、外在、可控的人则会获得成功
- 一个人应对逆境的方式会影响其效能、表现和成功
- 我们应对逆境的模式是潜意识的、始终如一的
- 若不受约束，这些模式就会一辈子不变

认知心理学

- 大脑能够塑造习惯
- 习惯可以立即中断或改变
- 一个人应对逆境的习惯做法可以中断或立即改变
- 若新的习惯取代了旧的，则旧习惯就会退化，而新习惯就会发展起来

神经生理学

- 应对逆境的方式直接影响身心健康
- 掌控感对于健康长寿至关重要
- 应对逆境的方式（逆商）会对免疫功能、术后恢复和致命疾病患病率产生影响
- 以软弱的方式应对逆境会导致抑郁

心理神经免疫学

图 3-5 逆商的三大支柱

这三个科学领域的新突破在很大程度上说明了为什么一些人、团队、组织和社会选择放弃或扎营，而另一些则会坚持下去。这些发现也揭示了怎样做才能立刻重塑逆商，并让大脑为成功做好准备。在第 5 章中，我会详细说明如何实现这一点。

ADVERSITY QUOTIENT
TURNING OBSTACLES
INTO
OPPORTUNITIES

第 4 章

逆商和攀越逆境的能力

> 困难孕育出伟大。艰难困苦是一位严厉的养育者，大力摇晃自己抚育的孩子，从而让他们变得强壮。
>
> 威廉·卡伦·布莱恩特（William Cullen Bryant）

新上任的 CEO 说："为了保持竞争力，我们将要对人力资源配置进行重大调整。"

"又裁员，"玛格丽特心想，"看吧，过去两年已经裁了三次。"只不过他们不再把这称作裁员，玛格丽特沉思着。现在这被说成调整发展定位、调整组织架构或是重新配置人力资源。只是好听点罢了，本质上没什么区别。由此产生的不稳定性加剧，让员工愈发担忧和伤感，士气更加低落，当然工作也更多了。

ADVERSITY QUOTIENT
TURNING OBSTACLES INTO OPPORTUNITIES

逆商
我们该如何应对坏事件

　　会议结束后的次日，玛格丽特一进入举办逆商培训项目的会议中心就直奔咖啡壶。当时是早上8点20分，可她已然筋疲力尽。她前一天晚上时醒时睡，今早6点起床，刚好够时间为两个儿子上学做好准备，然后吃早餐、打扫厨房，出门。在前往培训的途中，玛格丽特在等待通行的间歇，抓起手机查看了九封语音邮件，回复了两封比较紧急的。当她到达的时候，工作中的几个危机正酝酿着，而培训还没开始！

　　"最近好像所有事情都乏善可陈。"玛格丽特边思考着笔记本上的几个问题边这样想着。她的工作、生活、婚姻都显得单调无趣，尤其是婚姻！她的丈夫兰迪总是工作到很晚，而且经常出差。照理说她表示理解。兰迪要特别努力才能保住这份工作，而玛格丽特也是如此。努力了很长时间之后，兰迪终于有了几次晋升的机会。现在，他就应该让自己站稳脚跟并证明自己。

　　然而，玛格丽特觉得很艰难、很疲惫。

　　她还记得有一次因工作上的事情大为恼火，当时就特别想辞职去养育孩子、操持家务、维持婚姻。现在，这一切似乎让她承受不住了。有时候，玛格丽特觉得不堪重负。她不记得上一次发自内心地笑是什么时候。然而，所有人总是对她说她是多么地成功。"为什么我并不觉得自己更加成功了呢？"玛格丽特疑惑不解。

　　公司第二次重组之后，玛格丽特失去了对事业的激情。昨天CEO说的话又让她仅有的一点动力都没了。"如果公司就是想裁员，那我为什么要那么努力地工作呢？"她如此分析，"那做超级妈妈有什么好的？只不过是今后更加头疼而已。"玛格丽特做的事情都不能让她感到快乐，只会带来大大小小的压力而已。有些事情只是压力小些，但没什么是有意思的。

　　培训期间，玛格丽特了解到了逆商的三大组成部分，以及逆商如何成为成功的基础。她测评了自己的逆商。"怎么会这么低？"玛格丽特烦躁不安。"我是个成功人士！"她无声地呐喊，维护着自己的成就，哪怕只是自言自语也好。

然而，久而久之，玛格丽特意识到自己的逆商并不是一个永久的印记，也不是最终的审判。逆商更像一张快照，让她深入了解自己身上一直隐藏着的一个重要部分，这个重要部分影响着她大脑的潜意识区所支配的行为和情绪。

渐渐地，她开始明白，如何生活归根结底还是取决于逆商。"怪不得我老是心如死灰呢！"她心想。当项目负责人解释逆境时代的三个层次时，玛格丽特对旁边的参与者说："哇！我遇到的困难比我意识到的要多啊！"她对于CEO所说的话做出的反应就是源于她的逆商。她不由地注意到，这些话好像对会议室里的其他人产生的影响要小得多。

在对自己的逆商进行解读时，玛格丽特意识到自己更容易把逆境看成持久的、影响深远的事情。而且，与大多数女性一样，她也很容易责怪自己，就算她毫无责任也会如此。玛格丽特很快明白了逆商对于精力、幸福感、动力、绩效和成功的重要性。她想起兰迪，想起他在困难时期，虽然看似更艰难，却看上去也更加快乐。"我猜他的逆商很高！"她心想，"难怪我们会产生隔阂。我可能在给他和我们的婚姻拖后腿。"

经过一整天的学习，玛格丽特知道了觉察对于改变逆商的重要性。她回想学到的内容，了解了关于大脑的知识，也知道如何通过觉察自己的逆境反应来迅速开始重塑一种新的应对模式。

玛格丽特在会议室里与其他人结伴练习新技能。他们一起努力，改变自己的应对方式，以更强大、更高效的方式来应对逆境。

一天的课程结束后，玛格丽特列出了很多想做的事情，包括把这些新知识告诉兰迪。同时，她也感受到了一丝轻松，就好像下了很长时间的雨之后终于出太阳了。玛格丽特知道，她要是把在项目中学到的一些工具和策略利用起来，就能让自己从内而外地变强，重燃对生活的激情，继续攀登。她感觉自己心态平和，下决心改善自己的生活，并回到自己的路上。离开项目培训的时候，玛格丽特已具备了更高的逆商,并借此改善自己的生活。

这一章旨在提供必要的信息,让你理解构成逆商的 CORE 四维度。

逆商的 CORE 四维度

逆商是由 CORE 四个维度构成的。CORE 是 Control(掌控感)、Ownership(担当力)、Reach(影响度)、Endurance(持续性)四个英文单词的首字母缩略词,源自第 3 章所写的研究过程(见表 4-1)。正如你的力量、速度、协调能力和智商可以决定你在网球场上的得分一样,CORE 四维度能够决定你的总体逆商。然而,在网球场上的得分不能说明为什么你得到了那个分数,也不能说明你需要做什么才能进步。同样,虽然你的总体逆商很重要,但也不能说明为什么你的逆商处于高、中或低水平,更没有告诉你需要做什么才能提高逆商。因此,你必须更加仔细地研究 CORE,以充分了解自己的逆商。

表 4-1　　　　　　　　　　　　CORE 的构成

混合控制理论[①]	乐观	逆商
掌控感		C= 掌控感
担当力	个人的	O= 担当力
	普遍的	R= 影响度
	永久的	E= 持续性

掌控感

掌控感探究的问题是:你觉得自己对于不利事件的掌控有多少?请注意,这里的关键词是"觉得"。对于某个特定情形的实际掌控力几乎是测不出来的。掌控

[①] 混合控制理论由抗逆性、内外控倾向、韧性、自我效能和归因理论综合而成。——作者注

感则重要得多。

逆商的这个维度是塞利格曼乐观理论的一个极重要的反例和补充。虽然相关研究大力支持这个维度的内容，但是塞利格曼的理论没有充分说明掌控感对于应对逆境的方式会产生什么样的影响。掌控感不仅会直接影响自主能力，也会影响逆商的其他维度。

生活中常有人坚定地说"你做什么都没有用"，但就是有人改变了历史。当莫罕达斯·甘地决定用消极抵抗的方式来对抗英帝国的时候，他并没有正式的权力。他只是个"小个子棕皮肤的人"，带着坚定的使命感和为同胞争取正义的决心。英国对印度数百年的殖民统治引发了普遍的无助感，甘地时代的绝大多数印度人的做法只会认命。

甘地针对英国人的所有抗争都取决于一件事，就是他能改变印度人民面对压迫的掌控感。虽然甘地刚开始进行抗争时没人相信他会成功，但是他用实际行动证明了独立和正义是可以实现的。他转变了想法，然后把想法变成现实。

掌控感非常强大。没有掌控感，就没有希望和行动。有了掌控感，生活得以改变，使命得以完成。在掌控感普遍缺失的情况下，如果甘地也缺乏掌控感，那么印度及其近十亿的人民如今仍可能受英国的统治。

要想拥有掌控感，首先就要坚信"任何事情都能做到"。对于下面这些人也是如此：

- 帮助岌岌可危的公司扭转局面的管理人员；
- 挑战高难度课程的学生；
- 不被世俗观念影响的领导者；
- 在根深蒂固的官僚主义面前仍能创新的老师；
- 自愿打击吸毒和黑社会的邻居；
- 在一片拒绝声中找到买家的销售人员；

- 肩负起超大型公司使命的企业家；
- 不断在摔倒中爬起来并继续尝试的学自行车的孩子；
- 想要引发变革或有所提升的人。

从一开始，没有掌控感，就做不成任何事。

因此，逆商较低的人与逆商较高的人在这个维度上的差别是相当大的。逆商较高的人对于生活事件的掌控感就比较强。因此，他们会采取行动，而这样做反过来又会增强掌控感。逆商较高的人更有可能会向上攀登，而逆商较低的人更有可能会扎营或放弃。自我实现的预言（self-fulfilling prophecy）是真的。

在掌控感这一维度上得分低的人可能会这样想：

- 这超出了我的能力范围；
- 我对此无能为力；
- 没用的，这是以卵击石；
- 胳膊拧不过大腿。

而逆商较高的人在同样的情况下就会想：

- 哎呀！这真难办！但我见过更难的；
- 我肯定能做些什么……我绝不相信自己在这个情况下无能为力；
- 总会有办法的；
- 不冒险就无所得；
- 我必须想个办法……

在这些例子中，你也能感受到高逆商的人的韧性和决心。高逆商的人比较不会感到无助。好像有一股强大的力量保护着他们，让他们不会感到绝望。就算只有很弱的掌控感，也会对其之后的行动和想法产生巨大的影响。

掌控感通常是内在的，而且会因人而异。甚至还有这样的情况，在旁观者看来，某个人看似对什么都没有掌控力。在纳粹集中营里就出现过这样极端的例子。

第4章
逆商和攀越逆境的能力

维克多·弗兰克尔被广为人知的感悟就是，即使在那样极端的条件下，他身为囚犯都比对他施以酷刑的警卫拥有更强的掌控感，因为弗兰克尔可以决定如何应对。

我们不必非到集中营去寻找掌控感明显缺失的例子。在很多组织和家庭里，这样的人多的是。大家都鼓励他们说他们有掌控力，可他们做的时候却受到严厉惩罚。他们陷入进退两难的境地，没有明显的出路。大家告诉孩子可以说出心里话，可孩子这样做又会受到惩罚，而"获得授权的"员工又因行使权力而受到斥责。这两者又有什么区别呢？我记得在一个动画片里，儿子告诉父亲自己对于按规矩生活的看法，然后父亲对儿子说："这真是一个有意思又引人深思的想法。现在，回你房间去吧。"

即使身处最糟糕的境地，你也总是有一点点可掌控的部分。你始终能掌控自己应如何应对。希望和行动正是由此产生的。

担当力

担当力有助于我们从极具建设性和实用性的角度重新定义责任。逆商的这一维度衡量的是你在多大程度上会担起责任，改善现状，也不管起因为何。

担当力维度的分数越高，你就越会对结果担责。担当力维度的分数越低，你就越不会对结果担责，无论原因为何。

显然，这种回避不利事件或转移责任的倾向是非常不受欢迎的。因此，美国公司采取大量的措施来增强员工的担当力。很多非常成功的大型企业让员工持有超过七成的股份，其中包括曾位列财富500强第288位的威尔顿钢铁公司（Weirton Steel）和曾排名全美第二的租车公司安飞士公司（Avis Corporation）。员工持有大量股份的企业，在全美前十的钢铁公司中有三家，在前十的私人医院管理公司中有两家，在前三的造船公司中有两家，在前十的建筑公司中有两家，还有美联航，等等。

这些计划之所以得以发展就是因为需要通过实际所有权来提升担当力。只有人们觉得自己要为结果负责，才会带着强烈的责任感做事。领导人必须传达和明确每个人要承担的责任，缩小行为和结果之间的差距。

因此，并不是说逆商高的人就会责备他人，从而避开责任。其实，与逆商较低的人相比，高逆商的人更能从自己的错误中吸取教训。他们也愿意承担困境所产生的后果，通常不管事情的起因是什么都会这样做。这种担当力促使他们采取行动，让他们比低逆商的人更有能力。

影响度

影响度维度探究的问题是：这个逆境会对我生活的其他方面产生多大影响？逆商较低的人会让逆境蔓延到生活的其他方面。比如，一场糟糕的会议把一天给毁了；一场争执导致关系的破裂；一次成绩不佳的绩效考核造成事业上的失败，导致财务恐慌、失眠、痛苦、离群、决策不善。

影响度维度的分数越低，你就越有可能把坏事看得过于严重，纵容这些事情蔓延开来，耗尽你的幸福感和平和心境。小题大做就像山火一样，可能很危险，如果不加制约就会造成重大损害。

相反，影响度维度的分数越高，你就越有可能把问题的影响范围控制在当前事件上。打陌生电话进行推销遭到拒绝那也只是拒绝而已，没有什么了不起；绩效考核成绩不佳，也就是绩效考核成绩不佳而已；一场争执就是一场争执而已——争执一事可能还会带来进一步的承诺和行动；与心爱的人之间的误会就是误会而已，虽然很痛苦，但并不表示你们的生活就四分五裂了。

让逆境影响生活的其他方面会徒增压力，而且还需要花费更多的精力才能让事情走上正轨。因此，这种扭曲的逆境观有时会让你无力采取必要的行动。

限制逆境的影响范围是非常必要的。逆境对生活的其他方面造成的影响越深，你就越会感到无助和无措。如果任由小麻烦在潜意识区的肥沃秘境中滋生蔓延，那么小麻烦就会变成大灾难。限制逆境的影响范围能让你思路清晰并采取行动。若让逆境影响到生活的其他方面，即使影响很小也可能会削弱你向上攀登的力量。

持续性

持续性是构成逆商的最后一个维度。它探究两个相关问题：逆境会持续多久？逆境的起因会持续多久？

持续性维度分数越低，就越有可能认为逆境和/或其起因就算不会永远存在，也会持续很长时间：

- 这种情况总是发生；
- 情况绝不会变好；
- 我不善于使用电脑；
- 一直是这样的；
- 我的生活完了；
- 这家公司在劫难逃；
- 我的老板是对的，我不会成功；
- 整个行业都在衰落；
- 我的家人永远不会变得亲密无间；
- 我绝对干不好销售；
- 没人想跟我结婚；
- 我一直都懒；
- 我从来不善于跟小孩子相处；
- 我就是个拖延症患者；
- 我没有意志力。

这些说法都透露出永久性的意味。输家、愚蠢的失败者、拖延症患者等标签，以及总是、绝不等词语都会暗中为害。这些词会让你无力做出改变。"我要谨防把事情拖延到最后一分钟"和"我是个拖延症患者"之间有着很大的区别。一个是暂时的，另一个却是永久的。一个意味着行动，另一个却是个标签。一个体现出自知之明，另一个很快就被当作借口。

有个朋友在与处于青春期的继子斗智斗勇。那孩子谈到自己成绩差时总是耸耸肩，无能为力地说："我没办法啊。我就是懒。我爸爸说我的懒惰是从他那里遗传的。"他对几何学提不起兴趣，然后在他父亲的推波助澜之下将那个困难变成了灾难。

逆境的起因也是如此。例如，英国埃克塞特大学的洛兰·约翰逊（Lorraine Johnson）和斯图亚特·比德尔（Stuart Biddle）以塞利格曼的归因理论为基础所做的研究指出，把逆境归咎于短暂因素的人与将之归咎于永久或持久因素的人有很大的区别。他们将归因理论运用到运动领域时发现，将失败原因归结于自身努力的人（一个暂时性的原因），比那些将失败原因归结于自身能力的人（稳定的原因），更能坚持。

当你求职被拒，并将之归结于暂时性的因素，如不够努力、策略不佳或不合适，那么你很可能就会认为在这方面进行改进能提高以后的成功率。然而，若你把被拒原因归结于更为持久或稳定的因素，如你的智商、你写出优秀求职信的能力、你的外貌或你是否讨人喜欢，那么你就更有可能会放弃。"将逆境起因看作稳定持久"和"采取行动的动力"之间有着密切的关系，这已在运动、教育和商业领域得到证明。

了解你的逆商并采取行动

逆商越低，你就越会认命。"好吧，事情就是这样的。我做什么都没有用，所以我们最好还是忍了吧。"逆商较高的人会考虑各种可能性。他们的潜意识反应是："肯定有办法的，我会尽一切努力找它出来！"

第 4 章
逆商和攀越逆境的能力

Adversity Quotient

我的好朋友迈克的逆商很高。他白天干销售，晚上做零活。他购买房产，翻新后再卖掉。他向我解释道，他喜欢某种特定的挑战。

"当我遇到几乎不可能完成的项目时，就会特别高兴，"他说，"最近，我发现了一间老旧的农舍。我带来了三名电工，他们都对我说没办法给这个地方铺设电线，整个房子摇摇晃晃的，就该把房子铲平了。但我一直研究这个问题，直到我自己给整个房子铺好了电线。然后我把三人都请回来看看我所做的事情。你真该看看他们的表情！哈！我就是为这些挑战而活的！"

迈克攀越了逆境。

看看各个电视新闻频道对 1994 年洛杉矶地震受害者所做的采访，你就不难看出较高逆商与较低逆商倾向的差别。"什么都没了，我们的家园、我们的财产、我们的梦想……我们曾拥有的一切。我们永远也拿不回来了。我们完了……全完了。"一名女子抱怨道。

"每次我们把生活收拾好了就会发生这样的事。我都不知道为什么我们还要费心去做。"另一个受害者回答道，摇了摇头。

相反，还有人的回答是截然不同的。"只是东西没了而已。我们买了些保险，总是能重建的。重要的是人没事。"一位较为年长的妇女说道，同时望向身后的废墟。这里曾是她住了 30 年的房子。

"唉，我们一直想重建！但我们做什么都没有用。也不能一直生活在恐惧中。这是一场罕见的自然灾害，而且是很可怕的一次……但还要收拾残局，尽力挽救，然后继续往前走。事情原本可能会更糟。"一位新来的移民如此分析道。他供养着一个八口人的大家庭。

现在，你可能要问哪个回答更为实际、准确或真实。我有几个朋友和生意伙伴在那次地震中失去了家园。认为生活彻底没救的人对于此事的反应要慢得多。一些人进行了好几个月的心理治疗，很久之后才搬家，更别说重建家园了。而那些逆商较高的人却挺过来了。其实他们不只是挺过来了。他们多少还从这场悲剧中获益了，只是方式各不相同。我的同行查理失去了整家公司，于是又开了一家一直想开的公司。他在14天内就开起来了，而且第一天就开始赚钱。我的朋友鲍勃不得不带着全家人搬去跟父母住，借此机会帮他们整修房子，他之前一直因为逃避这件琐事而感到愧疚。"我们从没像现在这样亲密过，而且他们还帮我和卡罗尔带孩子。"他对我说道。

哪一个更准确呢？我认为，在大多数情况下，是我们自己塑造出了自己的处境。实际上，传播学中的一项基本事实是语言塑造现实。逆商较低的人塑造出他们所预想的那种阴郁、持久、影响深远的命运。逆商中等的人看见并塑造出的现实是蒙受了巨大损失的，而且还要费劲地进行复原。逆商较高的人会想方设法利用好失去公司和/或家园这一挫折，取得进步，并向前、向上进发。天灾会毁坏你的房屋，但不一定会动摇你的希望或耗费你的灵魂。

记住，无论你现在的逆商处于什么水平，它总是可以被提高的，而且一旦你的逆商提高后，你的效能也会提升。逆商不代表你的命运，它是你习以为常的应对逆境的方式的一个快照，也是对你多年来所形成的潜意识里的模式的一个衡量。逆商可以说明并测量出你是倾向于攀登、扎营还是放弃，还会教你攀越逆境的技巧。

在下一部分中，你将学到提高自己和他人的逆商的科学方法，还将学到如何将这些重大成果应用到你所在的组织中。

02 Adversity Quotient
Turning Obstacles into Opportunities

第二部分

提高自己、他人和组织的逆商

ADVERSITY QUOTIENT
TURNING OBSTACLES INTO OPPORTUNITIES

第 5 章

提高你的逆商和攀登能力的 LEAD 工具

世上没什么能代替坚持。

才华不能代替，拥有才华却未获成功的人比比皆是。

天分不能代替，怀才不遇几乎成了一句谚语。

教育不能代替，世上到处都是受过教育的无业游民。

坚持和决心是更有力量的。

"向前进"这句口号更能解决人类的问题，而且会一直解决问题。

卡尔文·柯立芝（Calvin Coolidge）

道格几乎惊掉了下巴。共事 11 年，他从未见过助理珍妮丝如此行事！"她以前总是能找出 101 个理由来解释为什么事情不管用、为什么搞不定，"道格说道，"她总会让我们没了动力。以前的她从不会这样做的！"到底发生了什么让道格如

ADVERSITY QUOTIENT
TURNING OBSTACLES
INTO
OPPORTUNITIES

逆商
我们该如何应对坏事件

此震惊？

三个星期前，珍妮丝参加了我们在其效力的公司内（该公司是一家大型跨国医药企业）组织的一个逆商培训项目。那天早上，珍妮丝公开表示质疑："这个项目跟我们参加过的其他项目有什么不同呢？"但她还是参与进来，一直坚持到午后。她兴致勃勃地列出所学到的新技能的十几种应用方法。她离开教室的时候还走过来与我握手，并说："我恨不得马上跟我老公分享！他一定会大吃一惊的。"

三个星期过去，我又回来为道格公司的一群经理人开办一个项目。材料都寄出了，茶点饮料都准备好了，参与者名单都确认好了——一切准备就绪。更确切地说是除了笔记本电脑（存有本项目的多媒体资料）电源线之外的东西都准备好了。快开始的时候，我们发现少了电源线。通常来讲这不是什么大问题，我们可以直接换用备用的传统设备——挂纸白板。但那天不一样。道格在前一个月让整个团队（包括珍妮丝）都来参加了这个项目，并对公司的几名高管大谈这个项目的作用，而这些高管就在那里等着看这个项目的所有精彩内容，其中就包括动画多媒体内容。

我一发现少了电源线，就向给路过的珍妮丝求助。"我们遇到了一个问题，"我直接对她说道，"少了根电脑的电源线，但这个培训要在30分钟后开始。"

过去的珍妮丝会飞快地找出10个理由来说明我们为什么会那么倒霉。但今天她停下来，然后她两眼放光地看着我说："让我想想我能做什么。"就这样，她一反常态地从屋里冲了出去。

就在展示开始前五分钟，珍妮丝向我跑来，气喘吁吁，满脸通红地说道："我给13个电脑设备供应商打了电话，都没有你的那款电源线。他们都说那是特制的，还说我不可能在那么短的时间内找到。"她停顿了一下，充满期待地看着我。

"哎呀，非常感谢你试着……"我说道。

"不是，等等！我还没做完！"她大声说道。然后她再次从屋里冲了出去。

我开始讲课，靠电池的电量来播放多媒体内容。当项目进行了45分钟后，珍妮丝冲进会议室，流露出胜利的笑容，高举着电源线。"我又打电话给另外九家供应商！他们都说没办法，但我不接受否定答案！真是难以置信！这就像我们在项目里学到的一样。我真的努力把逆境控制住，马上调整我的反应。我不但找到了电源线，还让那家公司马上送来！"珍妮丝的行为获得了满堂喝彩。

道格后来告诉我，珍妮丝从未如此执着地想要解决一个看似不可解的问题。她曾经是最不愿意挑战不可能的人。这真是一次彻底的转变。当我表扬她所表现出来的非凡毅力时，她眉开眼笑地说道："我之前想把工作辞了，做点比较轻松的事情。现在我爱挑战……三周了，我对工作充满了期待。"

珍妮丝一直都拥有出色的才能、头脑和干劲。她缺少的是足够高的逆商。珍妮丝在学习了本章介绍的提高逆商的LEAD工具和下一章讲的止念法后，骄傲地说自己从此变得不一样了。

实践证明

我在几年前就开始运用你将要学到的这些技巧，当时我是将这些技巧纳入我们早期版本的逆商培训项目中。起初，我非常怀疑这些技巧是否如设想中的那样有用，可以让人们中断并改变长期固化的行为模式。但在我把这些技巧教授给数百个人的第一年里，其成果让我的疑虑慢慢消退。

从那时起，我看到了秘书、高管、销售人员、专业人士、家长、学生、教育者、老年人和孩子都能够改变自己的逆境反应，提高自己的逆商，并在逆境之风吹来时，加固所扎根的土地，从而大幅改善自己的生活。

当然，成果会因人而异。有些人的精力、动力和活力大幅提升，有些人则在工作上取得最佳成绩。这些提升体现在销售业绩、创造力、工作质量、学习理解能力、毅力和拥抱变革的能力。很多人说自己成了鼓舞士气的领导者，能够克服并突破逆境，从而大幅改善自己在私人和工作中的人际关系。通常，参与者在健康状况和情绪稳定性上都会有显著的提高。

在我对运动员和商业人士进行的研究中（正式和非正式的都算），这些技巧不仅持续时间长，而且也会日渐强化。例如，一家电子公司的一些销售人员在参加了逆商培训项目后，他们第二季度的销售量超过第一季度的。

一家跨国医药公司的团队通过评估他们"对变革的准备度"来衡量进步情况。与没有参加逆商培训项目的人相比，那些参加了该项目培训的人在面对变革的准备度和能力上都有了显著的提升。于是，伴随着大多数变革而来的转型低潮期（代价高昂又会削弱士气）便大大缩短了。在这一低潮期，很多人和很多企业过早地放弃了变革。通过缩短这一低潮期，能让人们保持变革的势头，同时又不会降低生产力和积极性。

我让莫特公司的领导者学习了这些技巧，当时他们正面临着混乱的管理局面和大量的变革，他们想要努力让自己变得更加灵活，并成为"业界一流"的企业。每位领导人不管遇到什么挑战都会运用这些技巧。LEAD 工具和止念法常常能让人们超越个人和工作的界限，正如莫特公司的人力资源部经理杜安·詹尼尼（Duane Giannini）所说：

> 我利用您讲的内容和技巧大大提高了自己面对日常挫折和其他事情的韧性。自从参加了您的项目后，我对于逆境的看法和应对方式截然不同了。我的女儿用您所教授的既实用又简单的技巧来应对和适应打篮球时造成的重伤。多亏了您所教授的技巧，她比以前打得更好了，不仅创了纪录，还被全国大学生体育协会的一级运动队录取了。我教过篮球，从没见过这么管用或是产生如此大积极影响的方法。

通常，在项目结束了好几个月后，参与者才会想起并激动地描述这些技能在

第 5 章
提高你的逆商和攀登能力的 LEAD 工具

培训当天是如何助他实现攀登的。

与登山一样，这些提升刚开始是感觉不到的。但是久而久之，当你停下来喘口气并环视四周时，就会看到通过自己不懈努力换来的壮阔景色。与登山一样，你的努力所带来的效果一开始可能很小，可能外行人都看不出来，但你内心会感觉到这些变化。久而久之，这些效果就会日渐显著。最终，你会把自己打造成世界一流的攀登者。

神经生理学领域的研究，也就是关于大脑的研究工作，有助于解释这些技巧是如何构建的，也就是阐明了其结构或框架。LEAD 工具和止念法是在针对专业人士、运动员、经理人、学生和领导者进行的十多年研究和测试中逐渐发展起来的。我借助世界各地的研究者所进行的数十项认知训练实验所得出的重要研究成果，对这些技巧进行不断打磨。我也通过众多项目以及在服务各种组织和行业的过程中，进一步教授并改进了这些技巧。我率先看到了这些技巧对个人、团队和组织的成功所产生的有力而持久的影响。

这些技巧从何而来

LEAD 工具和止念法是源于研究和实际经验，浓缩了传统认知心理学的研究者所做的研究的精髓。在这一领域的一项重大突破就是，发现了人们即使不通过重温和审视过去的伤痛，也能大幅提高心理健康状况和抗逆性。

能证实 LEAD 工具和止念法有用的研究，可追溯到近 35 年前阿尔伯特·埃利斯（Albert Eliis）的 ABC 模型。这个理性情绪行为模型是基于这样的观点：促使一个人做出反应和产生感觉的是这个人对于事件的看法而不是事件本身。埃利斯为若干后续研究铺平了道路，其中包括认知疗法创始人亚伦·贝克（Aaron Beck）所做的研究。

贝克的模型强调人们需要挑战或质疑对自己、当前形势和未来的消极看法，为这些技巧的发展提供了额外的理论支持。

归因方式，或者说归因训练，是源于贝克的研究成果。这是一种治疗方法，可以让人们认清、评估并质疑自己对于生活事件的反应。这也是认知疗法的一部分，能够成功地帮助患抑郁症的成人缓解病症。

这些质疑技巧能够让人清楚认识到之前的潜意识反应，学会质疑这些反应，从而改变这些反应，就能通过调整反应来做出长久的改变。目前，归因训练已应用到各种各样的环境和人群中。

例如，马尼托巴大学的雷蒙德·佩里（Raymond Perry）和库尔特·彭内（Kurt Penner）证明了这些技巧在学生身上产生的作用。与没有接受归因训练的学生相比，接受了训练的学生提高了学习成绩。掌控感低（低逆商）的人从训练中获益最大。

在得到大量资助的一系列扩展研究中，宾夕法尼亚大学的丽莎·杰科克斯（Lisa Jaycox）及其团队（包括塞利格曼）运用这些认知训练技巧（跟你即将学到的差不多）有效地预防了青少年抑郁和行为问题。

大多数训练的效果会随时间的流失而被减弱，但这项训练不会。这些研究的一项更为重要的发现是，认知质疑技巧似乎具有生命力，训练结束很久后仍会不断发展。纽约城市大学的苏珊娜·奥雷特及其同事、心理学家萨尔瓦多雷·马迪（Salvadore Maddi）根据他们与伊利诺伊州贝尔电话公司进行的研究，开发出了抗逆性训练。其中两个技巧是形势重建（situation restructuring）[1]和果断行动（decisive action）[2]。

为了给你提供一个最禁得起考验、最有效、最科学的技巧，我用了几年的时

---

[1] 要求以实际数据为基础来分析和重建某种形势。

[2] 通过行动来重新调动身体和情绪上的积极性。

间深入考察这些研究，并提炼出其中的精华进行不断打磨。你将要学习的是我认为能永久提高逆商和成功率的最有效的做法。

LEAD 工具如何发挥作用以及为何管用

LEAD 工具这样的认知和行为技巧之所以能起作用是因为它们改变了大脑中的活动。1995 年，加州大学洛杉矶分校的研究员通过认知疗法对强迫症患者进行了治疗。这些患者的症状包括过分担心有细菌而不停地洗手。科学家们利用正电子发射断层造影术在"治疗前"和"治疗后"对患者的大脑进行扫描，获得了其大脑活动的图像。最后他们发现认知疗法确实有助于改变大脑机能，减少强迫症的活动和结构仅仅采用心理学的方法就能在大脑内引发重大的生物化学变化和物理变化。

如果认知技巧能改变强迫症患者的大脑活动，那么试想一下这些技巧会对你有什么用！加州大学洛杉矶分校和阿拉巴马大学的药理学家路易斯·巴克斯特博士（Louis Baxter）在描述思维和脑功能之间的关系时说："把大脑和思维割裂开来没有多大意义。"你的思维模式会改变大脑的生理机能。LEAD 工具可以帮你调节大脑活动，从而抵御和应对逆境。

有证据表明，LEAD 工具会对大脑产生化学作用。它会增强你的担当力和采取行动的决心，从而增强你的掌控感。从生理上看，面对这种增强的掌控感，大脑会让你的体内产生大量适宜浓度的神经递质，这些递质会对你的免疫功能和整体健康有好处。

心理神经免疫学领域近年取得了很多前沿的研究成果。其中之一就是研究者们日渐意识到情绪和激素（有压力时体内释放的激素，或是处于恐慌、悲观、伤感、持续紧张和无助等心理状态时所释放的激素）之间关系密切。因此，将事件灾难化的人更有可能会产生这些情绪和生理问题。止念法和 LEAD 工具不仅可以防止"灾难化"的行为，还可以避免这些消极的情绪。因而在面对日常生活压力的时候，情绪和身体的韧性就会得到增强。

相反，逆商较低的人体会到的压力会更持久、更有害。在诸多神经递质中，儿茶酚胺（去甲肾上腺素和肾上腺素）、皮质醇、催乳素以及天然的鸦片 β-内啡肽和脑啡肽都是在人感觉有压力时释放出来的。《免疫力性格》一书的作者亨利·卓尔指出，这些应激激素长期保持高浓度就会削弱人们的免疫细胞，从而使其免疫系统受到抑制。

内啡肽也会产生同样的效果。加州大学洛杉矶分校的生理学家耶胡达·沙维特博士（Yehuda Shavit）说，适量的类鸦片肽（如内啡肽）会让血液中抗击疾病的天然杀伤细胞增多，而适量均衡的内啡肽可以缓解剧痛并增强免疫系统。这种均衡状态会受到掌控感的影响。然而，内啡肽含量过高或过低都会削弱免疫功能。当儿茶酚胺的含量过低时，人们就会感到无助和压抑（失去掌控感），此时内啡肽含量就会高于理想水平。此时，人的身体也会觉察到这一点，然后就会通过抑制免疫系统来应对。低逆商及其随之而来的掌控感缺失，就是这样一点点消磨着一个人的精力、活力、健康和毅力。

而高逆商则可以增强免疫系统，把有助于健康的激素，如适当含量的儿茶酚胺、皮质类固醇及其他神经递质传递到身体各处。大脑通过所分泌的化学物质来体现低逆商与高逆商之间的区别。因此，逆商是在细胞层面就对你产生影响！

关于认知疗法或掌控感增强带来的好处，写得最多的可能就是 T 细胞（免疫系统的一个重要组成部分）的增加。第 2 章中关于抗逆性、习得性乐观、内外控倾向等与逆商相关的概念，以及心理神经免疫学的研究只是身心问题的冰山一角。我们日渐了解情绪、思维、逆商和生理学之间的紧密关系。这些全身上下的改变都是由你对某种形势的反应所引起的。

卓尔认为，一个人应对生活事件时能做到全身投入且拥有掌控感（直接通过

LEAD 工具就可以学到），而其免疫功能一定也会随之得以强健。

总之，逆商会影响身体的各个部分。

攀越逆境的技巧

如果你探访精神病院时，遇到一个病人穿过大厅猛冲向你，你会怎么办？他盯着你的脸，然后大声咆哮："看看你的周围。世界四分五裂，这都是你的错！你是个没用的人。你做什么都没有用，何必还要尝试呢？事情只会越来越糟，何必多此一举呢？"

你会不会马上就想："好吧，你是对的。你说的都是真的。"不会！你更有可能会想："哎呀！这个人完全是疯了。"你根本不会把他的话放在心上。然而，如果这些话或类似的话是从你的内心发出来的，那么它们就会无条件地溜出去，肆无忌惮地影响你的精力、动力、效能和成功。

你应对逆境的惯用方式通常是不假思索就显露出来的。因为这是习惯性的、潜意识的，你可能完全没有意识到。只能说你不会注意到，也不会表示怀疑。

这就好像你拥有一家私人会所，在基底神经节（大脑的潜意识区）有个私人套房。只有你的信息可以不受审查就可以溜进这个私人套房。而在意识区和潜意识区之间驻守的保安，则会对其他人的信息进行审查或询问。有些信息在获准进入前会遭遇全身搜查！会不会有此番遭遇，则取决于你对送信者有多信任。

因为人们很容易让自己的消极信息溜进来，所以我和马丁·塞利格曼、艾伦·贝克以及其他研究员开发了一些技巧并进行了测试，帮助你去质疑自己应对生活事件时采用的消极方式。几年前，我开发了自己的一套质疑技巧并做了测试，有证据表明，这些技巧能够非常有效地帮助人们持续提高逆商，并改进应对逆境的方式。我把这些技巧称为 LEAD 工具。

L= Listen，倾听自己的逆境反应：

- 这是高逆商反应还是低逆商反应？
- 在哪个维度得分最高或最低？

E= Explore，探究自己对结果的担当：

- 我应该对结果的哪些部分担起责任？
- 我不应该对哪些部分担责？

A= Analyze，分析证据：

- 有什么证据可以表明我无法掌控？
- 有什么证据可以表明此次困境一定会蔓延到生活的其他方面？
- 有什么证据可以表明此次困境必然会持续过长时间。

D= Do，做点事情：

- 我还需要什么信息？
- 我可以做什么来获得对形势的一点点掌控感？
- 我可以做什么来限制困境的影响范围？
- 我可以做什么来限制当前困境的持续时间？

LEAD 工具是基于这样一种观点：我们可以通过改变思维习惯来改变成功率。这种改变是通过质疑以前的模式并有意识地构建新的模式来实现的。

利用 LEAD 工具来提高逆商

为什么要质疑自己的反应？因为只有这样做，你才能提高自己的逆商。坚持使用 LEAD 工具就可以做到。

通过四个简单的步骤就可以评估和质疑自己的逆境反应，进而提高逆商。你可以先自己尝试一下 LEAD 工具。在第 7 章中，我会教你如何将这套强大的技巧运用在其他人身上。但现在，你要把 LEAD 工具印入脑海中。

L = 倾听自己的逆境反应

要想把逆商从终生的、潜意识的、习惯性的模式转变成促进个人提升和长期效用的强大工具，倾听自己的逆境反应是重要一步。

培养攀登者意识

闹钟没有把你叫醒、牙膏用完了、燕麦圈不新鲜了、你在等的快递没有来、一个重要的电话会议取消了。上午 9 点 45 分之前已经有五个难题出现了。这些相当正常的事情通常都不会引起人们的注意。但是，因为你想要锤炼和改进应对逆境的方式，所以你就要在难题出现的时候把它认出来。

这就像是在飓风登陆前能够预测它的路径一样。只有看得见风暴，才能将损伤降到最低。要是你没有意识到风暴势必会到来，那么损失就会很惨重！

因此，你首先要掌握的第一个技巧就是迅速觉察逆境降临的能力。做不到这一点，那其他的技巧就没有用。幸好，你若注意到逆境降临，那你就可以立刻做出改变。就像森林防护员在火情失控前早早就闻到了焦味，而警察在普通市民发现街上的危险活动前就能提前注意到，你也可以在困难酿成大祸前有所察觉。

发现逆境

你有没有注意过，为什么你买了辆新车后，你立马就能认出路上跟你的车长得像的车子？一夜之间，你下意识地让大脑能认出某种车型。有意思的是，就算你不想认出来也能认出来。如果你让大脑拥有足够的紧张感，那么你一看到那辆车就会立即认出来，哪怕你正在进行热烈的谈话。

试想一下，要是你以同样的方式让大脑去注意像逆境这样非常重要的事情，情况又会如何？这种让大脑保持警惕的能力，会让你迅速培养出攀登者的意识。

要是我对你说，每次你发现生活中的潜在逆境并大喊一声"逆境！"，我就会给你一万美元，你会怎么做？你应对逆境的方式忽然就变得像一场游戏。你不会等着逆境的全力攻击，而会积极地环视四周，寻找逆境的端倪，准备着要兑现奖金。你一觉醒来感觉脖子僵硬，是让你产生耳鸣的那种僵硬。你大叫一声"逆境！"，就能拿到钱了！你打开前门，发现外面在下雨，把晨报打湿了；你洗澡的时候才发现香皂用完了，也没有干净的毛巾；你出门去上班，在路上碰见一场事故，耽误了10分钟；还有一英里就能从路口驶出，有个人愤怒地插到你前面。因为路上的耽搁，你开会迟到了5分钟；你进门的时候发现有个重要客户提出了一个问题，要求你立刻予以关注，而这让早已排得满当当的日程表上又多了一项；最后，你的助理打电话来请病假，于是你又要把助理的部分工作接过来。逆境！逆境！逆境！

很多可能会给你带来负面影响且进行得悄无声息的事情，会突然出现在你的雷达屏幕上，还闪着红光！你可能在给孩子洗澡，可能在撰写费用报告或是在打电话，突然逆境袭来，嘭！你注意到了。不需要细想就知道发生了什么事情，一瞬间已经足够长了。一旦你让大脑时刻保持警惕，你就会意识到每个潜在的不利事件，就会有足够长的时间来调整自己的反应，就算是很忙也能做到。

培养对逆境的嗅觉

迅速养成的这种认出类似车辆的习惯是有用的，这让你能将自己的车与其他车进行比较，确定自己的选择，并且看着类似的车行驶在路上，会让你产生拥有者的骄傲。

注意到每个不利事件也是有好处的。注意到逆境，能让你得以判定和强化自己的反应。但是，你没有那么多精力去对每件事进行审视并询问："这是逆境吗？"幸好，久而久之，这个习惯会越来越高效，渐渐嵌入大脑的隐蔽位置。在那里，这个习惯就像烟雾探测器一样会自动开启，不需要什么精力和有意识的思考。

下意识地养成习惯，比有意识地培养习惯要容易。这正是大脑奖励重复之举的方式。不管你是学习一门新的语言、练习高尔夫球还是改进应对逆境的方式，都会如此。你意识到逆境的降临，就会把逆境和你对于逆境的反应带到大脑的意识层，也就是大脑皮层。逆商只有在意识区才能发生改变。因此，就算是留意小规模的、比较不重要的逆境，也会一下子变得极其有用。你会惊讶地发现自己多么善于觉察逆境，而逆境又是出现得多么频繁！

敲响警钟

还有一个技巧可以用来铭记你发现逆境的时刻，那就是每次逆境袭来时都会在脑海里敲响警钟。神经语言程序学领域的研究指出，噪音越大、画面越震撼，给人留下的印象就越深刻。印象越深，效果就越好。莱斯利·卡梅伦-班德勒（Leslie Cameron-Bandler）等人在《复制卓越：烙印技巧》（*The Emprint Method*）一书中写到，音量、尺寸和力度影响印象的深浅。

我想到空军基地在遭到袭击时拉响警报集结飞行员的场景。我在写这段话的时候电脑崩溃了，嘈杂的警报声立刻在我脑中响起："哦呜！哦呜！逆境！逆境！"这种很傻的反应有两个直接的好处。

第一，这很好玩。你选择的声音越搞笑越好。我认识一个人，他设置的声音是齿轮在他的保时捷汽车上摩擦的声音。笑声可以改变你的心理状态，使你倾向于采用更为积极的方式来应对逆境。

第二，这会让你停下来留意一下逆境。你显然是把自己的潜意识反应带入意识思维区，这样就直接打断了潜意识反应。你突然就很清楚地意识到了问题所在。

你不妨使用任何你所喜欢的警报声。下面有一些小窍门，可帮助你做出最佳选择。

- 把警报声开大！你回应时发出的声音越大，效果就越强烈。就算只是在心中默念，也要悄声说"啊哦！"和大声喊"哦，天啊！"，也是不一样的。
- 越荒唐越好。现在就喊出你的警报来，就此一次（除非你正在一架拥挤的飞机上看这本书）。每次把警报喊出来应该都会让你大笑出声。
- 加上一个强劲或憨憨的手势。我的警报声所搭配的手势是举起双手分别置于脑袋两边，每次喊"哦呜！"都把五指张开，不喊的时候就收拢。我知道这有多可笑，因为我每次对着参加我们项目培训的满屋子人展示这个精心打磨的技巧时，都会引发出阵阵大笑声。你可以选用不那么夸张的手势，比如说握拳砸向手心。

一旦你的脑中有了印象，每次逆境袭来时，你就可以使用这个技巧。逆境不会再次悄无声息地溜过去！这一技巧会逐渐融入日常生活的背景噪音中，有用的时候才会出现。因为这只需要花费一两秒钟，所以不会影响你的活动流程，只会让你清楚意识到这些决定性的时刻，也就是你应对逆境的时候。

判定你的反应

一旦你连小规模困境的重要性都认识到了，那就可以学着多注意应对方式的质量和性质。就某种体验的强度会影响学习的速度，加州大学洛杉矶分校医学中心神经生理学科的负责人马克·努维尔博士（Mark Nuwer）是这样解释的："你触碰热炉子产生的痛感会在你脑中拉响紧急而强烈的警报。"这个警报给你的大脑皮层，也就是意识区发出信号，让你意识到自己的选择！下次你再在热炉边上的时候，就很可能立马注意到，然后避开它。

对于逆境也是这样。拥有低逆商就像触碰热炉子一样。你只会被烧伤！因此，在你充分了解了应对逆境的方式会影响成功的所有方面后，就会把逆境袭来的时刻看得很重要，就像你看待加薪、成绩、验血结果或是国税局寄来的信一样。敏锐地意识到逆境袭来的时刻，就能立刻改变应对这一时刻的方式。

第 5 章
提高你的逆商和攀登能力的 LEAD 工具

一旦你有意识地探测逆境，下一步就是马上判定你的反应是高逆商反应，还是低逆商反应。你在 CORE 四维度的哪一个维度上得分很高或很低？

能够迅速且自发地觉察到整个低逆商反应或高逆商反应，这对于提高逆商来说至关重要。这项技能不需要怎么练习就可以掌握。比较难的一点是如何能够按照 CORE 的各维度来判定自己的反应。这一优化措施是有用的，但并不必要。你感受到了维度曲线的起伏，久而久之就会培养出攀登者的意识，也就是会带着力量和决心自发自动地去应对大大小小的逆境。

或许你现在就能觉察到低逆商反应与高逆商反应的区别。你只要稍加思考，或许就能按照维度把这些反应区分开来。经过训练之后，你的认知技能就会变得更敏锐、更自然，直到你切实培养出了攀登者的意识，并能快速辨认出自己的反应。你不妨利用以下这些逆商探测技能（个人版）来应对你的逆境。

第一阶段

1. 写下你在过去两周遇到的一个逆境：

　_____

　_____

2. 写下你会对逆境说的话：

　_____

　_____

3. 填写以下有关你所做出的反应的信息。注意，并非所有反应都包含 CORE 四个维度：

ADVERSITY QUOTIENT
TURNING OBSTACLES INTO OPPORTUNITIES

逆商
我们该如何应对坏事件

_____

_____

_____

你的反应是高逆商还是低逆商？（   ）

第二阶段：剖析你的 CORE 四维度

C= 掌控感 O= 担当力 R= 影响度 E= 持续性

1. 你的反应在哪个维度上的得分高或得分低？

C（   ）

O（   ）

R（   ）

E（   ）

2. 你不仅知道自己了解什么，也知道可以控制自己的反应，如果你现在要应对同样一件事，你会说什么？

_____

_____

_____

3. 新的逆境反应在哪个维度上的得分高或得分低？

C（   ）

O（   ）

R（   ）

第 5 章
提高你的逆商和攀登能力的 LEAD 工具

> E（　　　）
>
> 4. 现在的 CORE 与之前的有什么区别？
>
> _____
>
> _____
>
> _____

强化优点，质疑缺点

当你拿到成绩单的时候，是更倾向于积极地做点事情（D）还是分析证据（A）？当你看到绩效考核结果的时候，是否经常快速略过好评去看看自己做错的地方？我们会经常关注自身的缺点，让优点飞掠而过，好像优点是理所当然的。

我有个客户，他是一家国际管理咨询公司的合伙人。他发现，在他的公司里，各级员工对于自己绩效考核中的负面评价，都记得比正面评价清楚，就算两方面的评价写得非常均衡也是如此！

现实的确如此。人们往往对负面评价印象深刻，自责的人尤其如此！但是，这种关注缺点的倾向会对我们造成伤害，因为我们常常错过了对基本的、积极的倾向（尤其是与逆商有关的倾向）进行强化的机会。

若你应对逆境的方式体现出较高的逆商，那么你可以停下来确认一下自己做得好的地方，这将对你大有助益且影响长远。找出你在哪个 CORE 维度上表现得最好，并且默默认可自己。乔治是我的一个客户，他从事教育行业。他说自己会捕捉这些瞬间并心想："对，好的。继续攀登！"

这样的心理强化过程可以巩固自己做得好的地方以及所开辟的路径。因此，要留意自己富有成效的行为模式，并使之不断强化和固定下来。

E= 探究自己对结果的担当

我曾为美国六大会计师事务所之一的普华永道开办逆商培训项目。一切都进展得很顺利，到了开场前两小时左右却出了问题。这次又是设备问题。我接到一位电脑技术员的来电。他说："我知道您需要一个电脑显示屏，我不能确定能否帮您找到，但是……"

"不好意思，似乎是搞错了，"我回答道，"我不需要显示屏。我需要的是投影仪，要把我的多媒体资料投到大屏幕上。"

"哦！"这位技术员大声松了一口气，"肯定是有人搞错了。我是说，嘿，这并不归我管！您得去跟贺拉斯说。他负责这件事。"这位技术员把电话挂了，也没把贺拉斯的号码给我或是替我转接，更不要说亲自来看看情况再解决问题了。

那一刻，我的警报响了："哦呜！哦呜！逆境！逆境！"我立刻审视自己的反应。"肯定会有办法的！"我对自己说，"应对这个情况需要点创造力和毅力。我知道自己能及时解决这个问题。就算我没有解决，培训还是会成功举办。"

强大的逆境反应和决心让我坚强起来，我急忙给客户打电话，却一直接入他的语音信箱。他显然不在办公桌旁，于是我决定自己来处理这个问题。几番努力之后，我联系上了一个维修人员，他正是神秘难寻的贺拉斯。"哦，好吧，那台设备没有放在这间房原来的位置！"他听闻我的窘境后大声说道。

"是的，我知道，但是这个项目不到两小时就开始了，你和我能做点什么来解决问题呢？"我试着激励贺拉斯拿出一点创造性解决问题的能力。

"唉……"贺拉斯叹道，然后他说出的话完全命中那些致命的词语，"我真的无能为力。投影仪安装在四号会议室，而您是在五号会议室，而且10分钟后我就下班了。您得去跟安吉拉说。她负责协调房间事宜。"

这一次，不等下一个不显示号码的电话响起，我便主动出击。我又打了几个电话，又听到几次"这不归我管"和"我并不认为这样做管用"这样的回答之后，我总算明白了，秘书、经理和领导都不太可能热心地放下手上的事情来帮我换会议室。就因为没人愿意对这个难题负责，所以一个小故障差点毁了客户对于该项目的筹划。说来讽刺，这会带来更多的难题。

在你决定对结果负责的那一刻，你对事件的掌控感马上就会增强，促使你去采取行动，并打破潜在的无助-无望循环。担当力是唤起行动的号角。

对于 LEAD 工具的第二步——探究自己对结果的担当，其重要性归根到底就是一个问题：当你对一件事接受责备却不觉得需要担责的时候，那么你会不会采取行动来解决问题呢？你会回答："不太可能！"比如说，要是技术员、贺拉斯或其他人都接受责备而不担责，那么情况还是不妙。就算贺拉斯说："好吧，我猜我是不能解决问题了。都是我的错，但是现在来不及了，而且还有 10 分钟我就走了。"这还是会让我陷入困境。

同样，要是本地旱灾期间的用水问题跟你没关系，那你为什么要忍受洗澡时间缩短带来的不便和草坪枯萎的现象呢？对于公司发生的财务危机，要是你对此自责却不负任何责任，那你会不会投入精力并加班加点地找出解决办法呢？如果这是你的团队一个重大项目，那你会不会推卸责任，对失败不负责呢？一点点的担当（而不是自责）非常有助于你从问题中吸取教训或解决问题，并从大大小小的逆境中恢复过来。

攀登者正是利用 LEAD 工具的第二步来切实地从逆境中吸取教训，并实施自己未来的策略。

担当力

你可能还记得担当力讲的是诚实并有建设性地探究自己应该对事情的哪些部分负责。担当力指的是即使逆境并非因你而起，你也有责任做点什么。担当并不意味着过分自责。简而言之，就是要担责解决问题或采取行动。

关于LEAD工具中的担当力探究的问题是：我应该对结果的哪些部分担起责任？

倾听和探究的案例说明

假设你的硬盘驱动器坏了。要是你的逆商相当低，那么你当下的反应可能是："哦，天啊！我死定了。所有数据都没了。我一直都不擅长用电脑。现在我们没办法按时完成项目了。我们大概可以跟这个客户说拜拜了。"

怎样才能改进你目前的应对方式，从而提高逆商呢？从LEAD工具的第一步——倾听（L）自己的逆境反应开始做起，这样你就能迅速觉察到自己的逆商处于较低水平。接下来是第二步——探究（E）自己对结果的担当。

我应该对结果的哪些部分或哪些方面担责呢？对于硬盘驱动器损坏这件事，你即使不自责，也会认为自己要对事情的后果——即对硬盘驱动器损坏造成的影响——高度负责。机器无法运行，就处理不了文件。若你对结果担责，那么你会接受这份责任并做点什么来解决电脑死机的问题。

对结果担责，并不要求你花时间亲自去恢复丢失的数据，并从此次逆境中吸取教训。对结果担责，只是说你要亲身参与，务必求助于他人来采取必要的措施。当然，你要负责及时让电脑恢复正常并找回丢失的数据。你要如何去做并不重要。

过分自责和推卸责任不会增强你的掌控感。然而，当你接受适当的责备，决定从自己的行为中吸取教训，并对结果的一些部分担起责任的时候，就能够重拾部分掌控感，并促使自己去采取行动。这样就能让你度过这次逆境，继续攀登之旅。

限定影响范围

如果你只是一味地把不好的事情放大或是灾难化，那么你肯定只会想对已知的结果担责，而不想对可能的结果担责。例如，在上述情形中，你可能马上会认为硬盘驱动器损坏意味着所有数据都没了，这个项目就毁了，而且你的工作也肯定会岌岌可危。此次逆境的已知部分就只有硬盘驱动器损坏和电脑死机，就这么多，其他都是假想的。只对已知或确认的这部分负责，那你就可以把影响限制住，避免难以招架。人们更容易对小事故负责而不是对大灾难负责！其实，和很多情况一样，在这件事上，你需要更多的信息。

逆商较低的人通常会做最坏的打算，直到他们了解到更多的信息为止。逆商较高的人会设想最好的情况，直到确信自己想错了为止，而且会积极收集关于自身处境的信息。在第6章中，你会学到更多关于避免将负面事件灾难化的技巧。

A= 分析证据

A= 分析证据说的是一个简单的质疑过程，让你可以审视、质疑并最终摆脱自己逆境反应中的消极部分。以下的LEAD问题是经过精心设计的，需要按照给出的形式来作答：

- 有什么*证据*表明我无法掌控？
- 有什么*证据*表明逆境*一定*会影响到我生活的其他方面？
- 有什么*证据*表明逆境*必然*会持续过长时间？

停下来看看这些问题中用斜体标出的关键词所产生的效果。可能会有证据表明你拥有有限的掌控力，表明逆境可以影响到你生活的其他方面，而且逆境可能会持续很长时间，但是，难以找到证据来证明你完全没有掌控，表明逆境一定会扩散以及逆境必然会持续。

亚伯拉罕·林肯曾经说过："为自己的局限因素辩解，那就真的受其局限。"纠结于缺失的掌控感、可能存在的祸根和持久的负面影响只是徒劳而已，就像纠结于坠机事件可能会发生、世界经济可能会崩溃、你无法生来就有钱，也同样是徒劳的。只有设法探索逆境的局限因素才是有意义的，而不是纠结于自己因存在局限而无法改善形势。

ADVERSITY QUOTIENT
TURNING OBSTACLES INTO OPPORTUNITIES
逆商
我们该如何应对坏事件

关于影响度的案例

回到硬盘驱动器损坏的例子上。一种极端的反应可能是这样："哦不要啊！一切都毁了！整个项目一下子就全完了。我再也找不回丢失的东西了。而且，有一就有二。就算试着弥补也没用。我尽力做到最好，但是搞砸了。我估计升职无望了，我儿子的大学学费也没戏了。"这种反应只能透露出失败主义、小题大做和无助的情绪。

在这个情况下，或是在反应不这么极端的情况下，你可以问问自己那三个关于证据的问题。

问题一：有什么证据表明我无法掌控？

答案是"没有"。没有证据可以表明。虽然理论上你可能不能掌控，但是并没有证据表明在这种情况下会产生这种无助感。仅有的事实就是硬盘驱动器坏了，导致你的电脑死机。就是这样！其他事情都是你自己想象出来的。

为什么要设想最坏的情况？在能够确认自己完全没有掌控力之前，当然没有理由要这么认为！如果你因为头疼而去看医生，你会在看见检查结果之前就设想自己得了脑癌吗？大多数情况下，在找到证据之前就设想最坏的情况是没什么好处的。为什么要过早地下结论，尤其是知道这些结论会伤害自己还这样做呢？因此，未掌握进一步的信息，你就不能认为自己无法掌控。

你能想象得出自己在什么情况下真的无法掌控吗？我在上文提到，纳粹集中营幸存者、杰出的心理学家、《活出意义来》的作者维克多·弗兰克尔发现，就算是在极其可怕的情况下，他仍拥有绝对掌控力，也就是可以掌控如何去面对特定的情况。因史蒂芬·柯维在《高效能人士的七个习惯》中提及而广为人知的这个经验表明，重要的决定是在受到刺激（逆境）之后到给出反应（你的逆商）之前做出的。我们每个人在这一阶段始终拥有掌控感。

人们非常容易扮演受害人的角色，从而就有借口放弃掌控力。如果事情发生在你身上，而你只是整个体系中的一个傀儡或是生命之河中随波逐流的一块浮木，那么你就不需要承担责任，也不需要对自己有什么期待。毫无疑问，至少表面上看，放弃或扎营比攀登要容易。长远来看，一个人必须为自己的决定付出代价或因此获得奖赏。我认为没有什么决定会比放弃更悲惨的了。

你每天都有可能看到这个决定带来的悲哀后果：一个高三学生在能力倾向测试中考得很差，于是就放弃了上大学；一个朋友找工作的时候遭拒，于是就不再推进自己的事业了；一位同事拿到的绩效考核结果不理想，于是就决定辞职而不是变得更加坚韧；一个灰心丧气的孩子愤怒地斥责自己的母亲，因为她总是在自己最需要她关爱的时候疏远自己；一个女人不再为自己的婚姻努力了，因为她迫切地想与丈夫谈谈他们之间的关系，而丈夫对此不予理睬，然后她让放弃的行为无处不在，导致情况越来越糟糕。

其实，你始终都能有一定程度的掌控，此时你必须坦诚面对深感无助的想法。与承认可以掌控并承担随之而来的责任相比，展现无助似乎是更容易、更有吸引力的做法。若你感到无助，那你就不必承担责任，人们会为你感到难过，甚至会有其他人来采取措施。但是，这样做可能破坏性极大。在需要做出反应的时候，需要在无助和掌控感之间进行选择的时候，最好是选择掌控感，即使因此而犯错也在所不惜。

问题二：有什么证据表明逆境一定会影响到我生活的其他方面？

逆商较低的人经常吵嚷着所谓的"多米诺效应"，意思是不好的事情必然会接踵而至。这样的反应很快就会让你感到不堪重负。你的信心承受不起这样的直接打击。因此，在质疑自身反应的过程中，你必须将自己的设想与自己所知道的东西区别开来。

其实，虽然逆境可能会影响你生活的其他方面，但是并没有证据表明一定会这样！所以，重申一遍，就算你极力将事件灾难化，这个问题的答案还是"没有"。

问题三：有什么证据表明逆境必然会持续过长时间？

证明逆境可能会持续很容易，但是要证明逆境一定会持续，而且不会有丝毫好转却很难。就算是全球环境这样世界级的难题都有可能持续恶化下去，但并不一定会这样。因此，与前两个问题的答案一样，这第三个问题的答案也是"没有"。

这是个好消息！你刚把假设和事实区分开了，而事实目前还不足以让你这样应对逆境。你起码还要掌握更多的信息才行。收集信息这件事本身就是一个积极的行动，能让你朝着学习和进步前进。

巨大逆境中的证据

空军上校斯科特·奥格雷迪（Scott O'Grady）所驾驶的飞机在波斯尼亚和黑塞哥维那上空被击落，他知道自己遇到了大麻烦。他面临着巨大逆境。他本来可能会这样想："一切都完了。我在敌对领土被击落，他们肯定会找到我。他们一旦找到我，就可能会折磨我，然后把我杀了。我估计再也看不到我的家人了。我还是现在就放弃好了。"乍一看好像有很多证据来支撑这样的反应。但是，再看得仔细一点（见表5-1）！

表 5-1　　空军上校斯科特·奥格雷迪面临的巨大逆境

表明形势可能不受他掌控的证据	表明形势肯定不受他掌控的证据
■ 被击落	没有
■ 他孤身一人	
■ 到处都是敌军	
■ 食物和水数量有限	
■ 敌军正在积极寻找他的下落	
■ 逃脱的希望渺茫	

第 5 章
提高你的逆商和攀登能力的 LEAD 工具

即使身处这样绝望的境地，斯科特·奥格雷迪还是发现并创造出拥有能够掌控的证据。他没有被打死，他还有一些补给，他接受过生存训练，他的装备里有信号装置，并且他找到了一个藏身的地方。要是奥格雷迪靠着想象就认为无助是对的，那么，不要说获救了，你觉得他还会不断发射求助信号吗？还会拧出自己袜子上的汗液来喝吗？还会不放弃希望吗？可能不会。斯科特·奥格雷迪上校能够把事实与负面的设想区分开来，可能就是这一点救了他的命。

还有其他的情况，比如说亲人被确诊出患有危重或严重的疾病，或是你失去了一条胳膊或一条腿，有证据表明这个逆境会持续，并会严重影响你生活的其他方面。你可能会努力争取，有可能你无法阻止亲人死于癌症晚期。但是你可以大大影响他如何应对疾病以及你最后如何应对亲人亡故。

《新闻周刊》讲述了芝加哥教区红衣主教约瑟夫·伯纳丁（Joseph Bernardin）在生命的最后几个月里所展现出的那种勇气。尽管身体疼痛虚弱，他在生命的最后一周竟然做了很多事。他写了一篇大主教辖区事务报告呈送梵蒂冈，批准了《平安的恩宠》（The Gift of Peace）一书的手稿，查看了自己的遗嘱并安排好母亲今后的起居生活。他把信件寄出，其中一封写给了美国最高法院，请求法官不要同意安乐死这种做法，因为他担心这样做会贬低不完美的人生；最后是送给他身边的牧师以及朋友们的圣诞贺卡。

他被确诊出绝症的时候并没有放弃，而是公开承诺会用余下的时间来"造福自己蒙召服务的牧师和民众"。这位勇敢的攀登者始终坚持攀登，直到生命的最后一刻。他的行为给世人留下了宝贵的经验，讲述了如何有尊严地活着和死去，所有人都可从中获益。

同样，你失去了一条胳膊或一条腿就找不回来了。一去不复返。这样的损失会让你的部分生活永远改变。但是你可以掌控这些损失对你的限制有多深、多久。乍一看，失去一条胳膊这个难题看起来不受你控制，而且影响深远，也很可能会永远存在（见表 5-2）。

表 5-2　　　　　　　　　　　失去一条胳膊的逆境

可能不受你控制的逆境内容	一定不受你控制的逆境内容
■ 我失去了一条胳膊	■ 我失去了一条胳膊
■ 需要两条胳膊才能吃饭、穿衣、开车、购物、游泳等	
■ 有些人会让肢体残缺的人觉得难堪	
■ 我的衣服会不合身	
可能产生深远影响的逆境内容	**一定产生深远影响的逆境内容**
■ 肢体残缺的人无法完全做到肢体健全的人能做的事情	没有
■ 需要两只手才能开车	
■ 需要两只手才能吃饭、穿衣等	
■ 有些人会嘲笑或反感	
■ 我不能划皮划艇了	
■ 我不能学吉他了	
■ 我的另一半会离开我	
可能持续很久的逆境内容	**一定持续很久的逆境内容**
■ 我永远没了一条胳膊	■ 我永远没了一条胳膊
■ 我再也不能正常开车了	
■ 我再也不能像以前那样吃饭、穿衣等	
■ 人们会一直嘲笑或反感	
■ 我再也不能划皮划艇了	
■ 我不能学吉他了	
■ 没有人想要我	
■ 人们会一直盯着我看	

你不能让胳膊复原。胳膊没了，而你对于让胳膊复原这件事无法掌控。所以说这个逆境不受你掌控且会持续很久。但是故事到这里还没完，离结束还远着呢！

要知道，只是失去胳膊这事没得商量，但这个大难题产生的所有负面影响却都有商量的余地。觉得肯定要失去或放弃哪些机能都只是猜想而已，并不是事实。其实，只有一条胳膊也可以爬山、划皮划艇、拉小提琴、吃饭、穿衣。有些人还达到了双臂健全的人难以达到的水平！

想想吉姆·阿伯特（Jim Abbott）这个男孩一生下来就只有一只手。他的梦想是打职业棒球大联盟，这是每个孩子的梦。人们大多觉得吉姆是在做白日梦。那么吉姆是如何应对只有一只手这个逆境的？又是如何应对同学的嘲笑的？他调整心态，让自己适应。他没有放弃攀登，而是重新规划登山路线，绕过这个障碍物。

吉姆学会了快速穿脱手套，这样就能快速地接发球。他锻炼自己的体能，成为跨栏项目的奥运冠军。他一直坚持自己的梦想，不仅成为了棒球队的外场手，而且在职棒大联盟比赛中代表加州天使队（the California Angels）参赛，并成为备受尊敬的投手。

吉姆有许多放弃的理由。但是他坚持不懈。

所以，就算遇到能改变人生的挫折，你对于可控之事的掌控感、防止逆境恶化的能力以及将其持续时间缩到最短的能力，决定了你能否迅速地从这些巨大挑战中恢复过来，以及恢复的程度如何。

知道了逆境并不一定会脱离你的掌控，并不一定会影响你生活的其他方面，并不一定会持续过长的时间，那么你就会觉得非常轻松自由。

D= 做点什么

很多有关提高自我和提升表现的项目一开始就让你采取行动。采取行动是一件有活力、重要且吸引人的事情。但是，立刻就想通过行动来解决难题的问题在于，遭遇逆境的那个人往往没有准备好要采取行动。

不太理想的应对方式也会让人没有精力去采取坚决行动。如果你的逆商让你认为事情不受控制、会影响生活的其他方面，而且会持续很久，那么你可能根本就不会考虑采取行动。马丁·塞利格曼等人的研究表明，就算只是遭遇轻微的习得性无助（认为自己做什么都没有用），也不太可能会认真应对并采取措施来解决问题。若你觉得自己的所有行动即便不是徒劳无功的，也是令人泄气的，那么你还会采取行动吗？

相反，若是在你了解自己的情况之前就急急忙忙采取行动，结果即便不会造成伤害，也是徒劳无功。

试想一下，在坎达丝·莱特纳（Candace Lightner）的孩子命丧酒驾司机之手的那个晚上，若有人对她说："你要行动起来！"那么她的第一反应可能会是去伤害那个司机，或是做出更加恶劣的事情！但她首先做的是哀悼孩子的惨死，在她做好准备了之后，才决定采取更加有建设性的行动。她下定决心努力让其他的家长不要经历这样难以忍受的痛苦，于是她成立了反酒驾母亲协会（Mothers Against Drunk Drivers）。通过成立这样一个团体，坎达丝推动了相关法规的实施，大大加强了法律对于酒驾司机的惩罚力度，挽救了无数的生命，也让人们不必承受巨大的痛苦。

关于行动的案例

LEAD工具是一个很重要的工具，可让你积极地应对逆境，并让你在准备好的时候能够采取积极行动。

LEAD工具的前三个步骤帮助你调整好心态和情绪，从而能够思考、关注并最终采取有意义的行动。

而且，与前面的步骤一样，采取行动也需要考虑几个精心设计的问题。你不妨问问自己以下六个问题：

1. 我还需要什么信息？我应如何获取这些信息？
2. 我如何对这一形势拥有一点点的掌控？
3. 我应如何限制这一逆境的影响范围？
4. 我应如何限制当前逆境的持续时间？
5. 我首先应做什么？
6. 我应在什么时候做这件事？哪一天？什么时间？

回到硬盘驱动器损坏的例子，你可以设想一些可以立刻用以改善局面的行动。这六个问题能帮助你对自己所采取的行动进行分组，确保行动涉及逆商的每一个维度，并消除消极的逆境反应所造成的影响。

LEAD 工具的应用

回到硬盘驱动器损坏的例子。假设你完成了 LEAD 工具的前三个步骤：首先是倾听，即倾听自己的逆境反应，发现自己的逆商有点低；其次是探究，即探究自己要对结果的担当，发现自己对硬盘损坏这个结果并没有担起责任；最后是分析，即分析证据，发现没什么证据能证明低逆商的臆测是对的。

下一个步骤是做点什么！首先，列出你可以用来改善的措施。花点时间想一下，然后在脑中列出你对于上述问题的回答。拿出一张纸和一支铅笔，把你所想的东西写下来。

你还需要什么信息？在你认为所有数据都已丢失之前，难道你不想知道是哪些数据丢失了吗？若你能恢复数据，难道你不想知道恢复数据所需要的花费和时间吗？"信息就是力量"这句格言有几分道理。信息让你能够根据已知事实做出反应，而不是根据含糊而消极的臆想做出反应。

也有很多措施可以增强你的掌控感。你想到了什么？你所写下的行动都很有可能增强你的掌控感。采取行动这件事本身就能增强掌控感。那么对于限制影响度呢？你是决定尽力把丢失的数据都恢复吗？你想求助别人来帮你降低由此造成的负面影响吗？你用来限制影响度的这些措施可能也都适用于限制逆境的持续时间。你也可以打电话给一位数据恢复专家，或是打给几个团队成员，弄清楚最后一次做数据备份是什么时候。

单有行动清单还不够：漏斗法

仅列出行动清单可能会很危险。这可能会让你觉得放松了，就不去改善不利局势。问题是，你列出了清单，还是没有做什么改善局面的事情。就像为了让生活环境保持整洁，你买来了一个文件柜。但你要是不用它的话，就不可能让环境得以改善。但它可能会让你自我感觉良好一阵子。我们要的不是制造出卓有成效这种幻觉，而是要持久的进步！

在硬盘驱动器损坏这个例子中，列出行动清单后，电脑还是死机，那该怎么办呢？尽管你已经有一个很好的行动清单，但什么都没有发生改变！你可以在自己的背包里装满最好的装备，但是直到你踏出了第一步，攀登之旅才会开始。

你会发现，前面的练习并不是让你列出行动清单就结束了。你首先要选出一个需要率先实施的行动。然后确定在哪一天的什么时候做这件事。最后的这些步骤会让你各种各样的想法经过漏斗汇集成一个明确的、有计划的前进行为。

通过这样的漏斗法（见图5-1），你就会从列清单转向采取某个行动、投入某段时间。这会指引你迈出第一步，这一步很重要，但在这个例子中可能相对容易。要是你失去了最大的客户、遭遇亲人亡故或被辞退，那么迈出第一步就像穿越暴风雪一样艰难，但这依旧很重要。

行动既意味着向前冲，也代表着想法和动作之间的区别。没有行动，将一事无成！

你所采取的行动跨越了个人CORE维度的界限，而且不只提升一个维度。能提高掌控感的行动也能限制影响范围，而能限制影响范围的行动很可能会限制持续时间，这样一来就能增强你的掌控感。

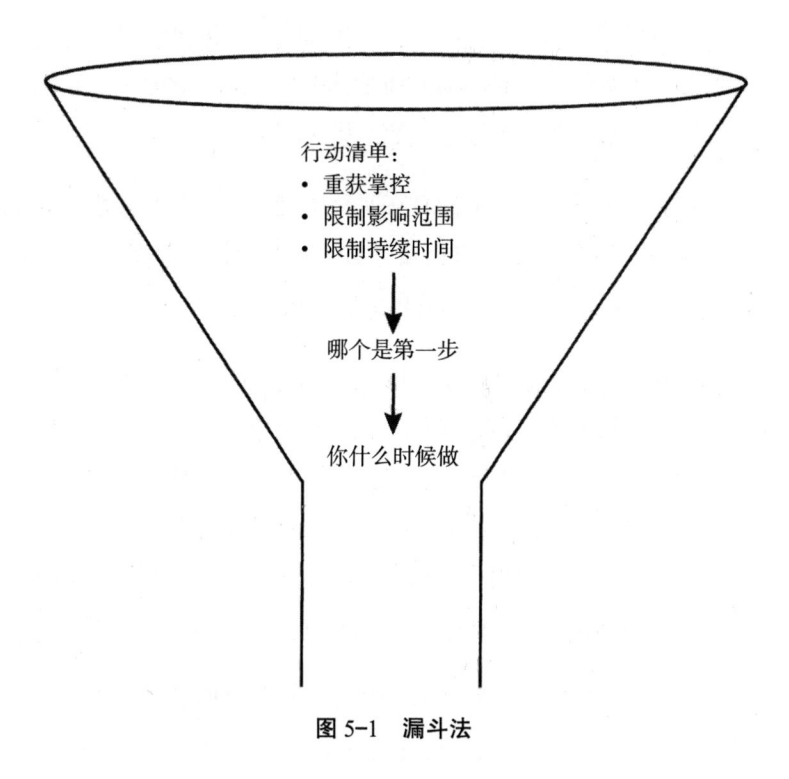

行动清单：
- 重获掌控
- 限制影响范围
- 限制持续时间

↓

哪个是第一步

↓

你什么时候做

图 5-1　漏斗法

引导自己抵抗重大挫折

无论你是否遭遇过重大挫折，你或许经历过这样的时刻：你感觉非常不好，就是没有准备好要思考什么或做些什么。你当然无须经历破产、全家人出车祸去世或确诊淋巴瘤，才能真切地感受到损失或失败。我们都有过那样的时刻，就是感觉吹动生命之帆的风没了，而且，视挫折或失败的严重程度，这些时刻或持续几天或几周。即使是最为高效的人偶尔也会觉得情绪上很疲惫或很受挫。有时候，我们就是需要让自己感到绝望，甚至是悲痛。想一想反酒驾母亲协会的创始人坎达丝·莱特纳，悲痛无疑是她疗愈过程中的一个关键部分，因此她能够带着新找到的目标感继续攀登之旅。

所以，尽情地哭泣、咬牙、尖叫、悲叹和怒吼。将负面情绪释放出来！从而疗愈心灵并释怀，然后继续前进，而悲痛是其中自然又关键的一部分。不应该绕过悲痛这个过程，也不应把悲痛与低逆商混为一谈。

因此，在这样的情况下应用LEAD工具似乎是违反常理的，甚至是荒谬的！为什么你需要获得一项用于抵御自己遭遇重大损失时所产生的不良情绪的技巧呢？为什么你要设法回避自己的悲伤或将之推迟呢？

然而，根据我的经验，悲伤有积极的，也有消极的。在遭遇重大挫折时，很多人会深陷心灵的黑暗角落，仿佛深陷一个消极的神经回路，该逃脱的时候无法逃脱。甚至有的人会因绝望而欠缺或丧失处事能力。你可以利用LEAD工具来避免这些情绪失控。也只有你能够决定什么时候是利用LEAD工具来引导自己走出悲伤或制止无尽忧伤的最佳时机。然而，我的经验是，当其他办法都没法让你摆脱绝望情绪的时候，LEAD工具会是一个强有力的工具。

马丁·塞利格曼等人充分证明了习得性无助是导致抑郁的一个主要因素。无助的感觉肯定会让人容易抑郁。掌控感的缺失是导致抑郁的一个常见因素。而LEAD工具能有效地恢复掌控感，并引导一个人去寻找出路和采取行动，从而避免抑郁情绪。

宾夕法尼亚大学的丽莎·杰科克斯、简·吉勒姆（Jane Gillham）及其团队成员利用类似的技巧来预防青少年抑郁，成果显著。虽然LEAD工具不能治愈抑郁症，但却能让你不会感到无助，不会感到绝望，也不会选择第2章中所描述的四条危险岔道。

避开受害者心态陷阱：不准哭哭啼啼的

另一种绝望情绪源于受害者心态。受害者心态是一个强大的陷阱，而且常常会诱惑人。这个心态通常源于你对遭遇的逆境没有掌控感，也没有担当力。一个肥胖的人可能会下定决心定期锻炼，并按照健康的方式进行节食，而另一个胖子则直接归咎于基因。谈到他的身体状况不佳时，后者可能会说："嘿，我妈妈也很胖。我估计就是命不好。我做什么也没有用。"

我的回答是："你说得对，至少你没有受害者心态！"

来看看我的一个邻居杰夫的情况。杰夫身高6英尺2英寸[①]，体重457磅[②]，呈现出病态的肥胖。你可能会说是基因问题导致了他的肥胖，因为他父母的体重加起来超过700磅。然而，杰夫绝不认命。他可以做到的运动不多，但他选择了其中的一项去积极地做。他走路，一直走。每天我开车环城逛的时候，都会看到他走路上下班、走路去商店、走路去办事。无论天气如何，他都坚持走路，走很远。"我胖并不意味着我不能好好生活！"杰夫大声说道。他上次称体重的时候发现减了54磅。

就算是亲人确诊得了绝症，有人还是会保持警醒：安慰病人，尽力给予他最好的照顾，为他提供必要信息来让他做出最明智的决定，并且给予他关爱，尽力让他在即将到来的死亡面前好受些。其他人则干脆就放弃了。第一种反应能够有效地帮助另一个人应对特别大的困难，增强他的抗逆性和长期的平稳心态，从而给他带来希望。另一种反应虽说是可以理解的，但是会让人成为抑郁、疾病和绝望情绪的主要攻击对象。

无助的臆测造就一种无助的现实。LEAD 工具让你从逆境转向行动。无论你

[①] 1 英寸约等于 2.54 厘米。——译者注

[②] 1 磅约等于 0.4536 千克。——译者注

遭遇什么不幸，你总是能做点什么来获得一些掌控感，让形势有所改善，或是捱过最艰难的情况。

障碍物

你抬头看向顶峰，发现路上有一个障碍物。怎么办？你是会转身走开，还是会想方设法越过或绕过它？

本书的这部分内容就是你遇到的障碍物，请你仔细研读。你手上拿着一本书，而此前你手上还拿过很多的书。你看到书中介绍了一个工具，是一个有科学依据的工具，可以重塑你应对逆境的方式，带来一大堆可以改变人生的好处。就像你第一次用牙刷或开电脑时显得笨手笨脚一样，你面前的这个工具看起来也很奇怪，而且不自然。有很多理由让你选择干脆走开算了。

想要绕开障碍物，有一个做法很管用，那就是采用新手思维，婴儿学步就是最好的例子。婴儿就是站起来，试着走，摔倒，然后她一遍又一遍地重复。她摔倒的时候可能会泄气或生气，但绝不会气馁地说："看吧，我跟你说过我不会走路。走路是不可能做到的事情！"婴儿不用去上学走路的课程。婴儿天生就能够度过学习新知时的笨拙阶段。你同样也可以。和走路一样，使用 LEAD 工具也需要付出有意识的努力，就是决然地离开阻力最小的道路并改变自己的想法和行为。这也会让人心生疑虑和恐惧。

> 我们最怕的不是发现自己有所不足，而是发现自己无比强大。
>
> 纳尔逊·曼德拉

我们并不是很担心自己会做不到什么，而是担心自己可以做到什么。"可以做到"的事情就位于障碍物的另一侧。一旦障碍被扫清了，攀登的过程就暂时变得容易些。同样，你学会了 LEAD 工具，并将这个工具的使用变成像走路那样潜意识的、自然的行为，那到时候你就会疑惑为什么还有人不想使用这个工具。目前，这个工具若隐若现，就像是对你的思想和精力提出的新要求。

稍微试想一下，要是你能充分且积极地打开你基本上处于休眠状态的潜能之源，将会释放出多大的力量。如果你想要将这丰富的资源注入你的生命，那你就必须扫清障碍，并且使用 LEAD 工具，永远改变和改进你应对逆境的做法。

ADVERSITY QUOTIENT
TURNING OBSTACLES INTO OPPORTUNITIES

第 6 章

停止灾难化

> 在我们所能学会的美德中，没有一个品质比它更有用、更必要，也没有比它更能提高生活质量，这个品质就是把逆境转变为令人愉快的挑战的能力。
>
> 米哈里·西卡森特米哈伊（Mihalyi Csikszentmihaly）

"啊，不会吧，"史蒂夫心想，"我做错了什么？今天这么倒霉！"他狂按手机上的"4"号键，重播语音信箱里的信息。系统播放前的片刻安静里，他可以听到自己脉搏跳动的声音。他透不过气来。

"史蒂夫，我是汤姆。我刚在贝尔巴黎（Belcorp）公司跟苏·韦恩莱特（Sue Waynewright）碰面。我发现自己还没和你联系过。我想我们该谈一谈了。请给丽莎打电话，看看我们这周能否碰面。谢谢。"

史蒂夫放下听筒，颓然地倒在椅子上。他的计划得缓一缓了。这个情况很严重。"为什么汤姆会打给我？不妙。非常不妙。"他小声咕哝道。

史蒂夫从椅子里跳起来，开始在长14英尺、宽12英尺的家庭办公室里来回踱步。"这只能说明一件事。绝对出了很大的问题，"他的步伐加快，"肯定是总结报告出了什么问题，因为其他一切都很顺利啊。难道不是吗？可能出现了大漏洞！"史蒂夫突然停下了脚步。

"肯定是了，苏给汤姆看了报告，然后他们发现了一些偷工减料的情况！啊，不要啊！这是我的心血。我都可以想象汤姆会说什么。"史蒂夫开始漫不经心地揉着太阳穴。"有人会丢饭碗，而我会是第一个。"他继续生动地想象着即将发生的情景。他都能想象出汤姆失望的表情，也能从他的声音里听出失望。他想象得出汤姆是如何炒了自己。他都知道汤姆对这件事会怎么说。他可以听到每一个字。

史蒂夫一边走，一边在脑中一遍又一遍地播放汤姆发来的语音信息。"我想我们该谈一谈了。"每次播放都让他觉得这个信息越发不妙。"我想我们该谈一谈了。"

不出几分钟，史蒂夫就已确信自己的事业完蛋了，而且生活一团糟。他松开领带，颓然倒在椅子上。他原本打算在去参加高管午餐会的路上顺便去一趟办公室，但现在他只想躲起来。而且，苏·韦恩莱特可能也来参加会议，而史蒂夫都不敢看她的眼睛。现在不行。

就在那时，史蒂夫的妻子吉尔探头进来。"嘿，亲爱的，你出门之前有空吗？"史蒂夫就看着她，心想："要是她知道就好了。"

"怎么啦，宝贝？"他无精打采地问道。我跟她说吗？他心想："不行！我不能让她那样失望。这是我的错。我不要把她拖下水。"

吉尔好奇地看着他："你还好吗，亲爱的？你看着有点奇怪。"她边说边一脸担忧地向史蒂夫走去。

史蒂夫从位子上跳起来，准备尽力掩饰，起码目前得这么做。"没事，宝贝。怎么了？"

吉尔怀疑地看着史蒂夫，不相信他说的话。"我在整理家里的活动室，遇到了麻烦。有张大桌子，我自己搬不动。你能帮我一下吗？"

"没问题，那张大桌子在哪里？"史蒂夫从妻子的身边擦身而过，避开她的眼神。

然后他花了15分钟帮吉尔搬家具，有些还挺重的。她问道："我们应该把全家福挂在这面墙上还是那面？你觉得呢？"吉尔指向一面新刷的宽大墙壁。

"挂在那边吧，这样一来，人人都能看得见。"史蒂夫答道。他搬出梯子，把照片挂上去。这会儿，他的心神全放在眼前的事情上。

弄好了之后，吉尔向史蒂夫走过去，抱了抱他："谢谢你，亲爱的。我知道你有多忙。"她在史蒂夫的脸上轻吻一下，"话说，我进来的时候，你看着——我不知道该怎么说——有点担忧。还好吗？"这次她的脸凑得很近。

史蒂夫一时语塞。最后，他叹了口气。情况似乎没有30分钟前那么严重了。史蒂夫觉得轻松了一点。"我接到了汤姆的电话……"然后他就跟吉尔讲了那通电话的事。

心中的野火

认知心理学家认为，在各种各样的逆境反应中，最能让人变得无力的反应是灾难化。灾难化就是把日常不便想成重大挫折，又把那些挫折想成灾难。灾难化是对不利事件的消极想法。越是琢磨，事情就越变得不妙，而且后果就显得越严重，也更有可能会出现。胡思乱想就会设想出一些极具危害性的后果。将事件过分灾难化会带来危害，而且会让人灰心丧气。你不必非得经历过精神崩溃才明白疲惫和焦虑的感觉。

史蒂夫越是担心这通电话及其可能的含意，就会越难受，而且情况也会变得越严峻。这样做就只能改变一件事情，那就是他的反应。对那通电话的内容于事无补。即便如此，史蒂夫还是渐渐把这件事看作灾难，于是就引发了一场灾难。

灾难化与CORE四维度的第三个维度——影响度有关。而且，你让事件的影响像野火一样蔓延开来，就会毁掉宝贵生活的其他部分。

举个简单的例子，你收到了电费欠缴通知单。高逆商的反应会把影响范围限制在当前的程度。欠费通知就只是欠费通知，没别的意思。你可能会查一查自己的记录，然后打电话给公共事业公司，安排缴费事宜，或者另想办法马上把事情解决了。

逆商较低的反应就会将这件事灾难化，让这件事影响到生活的其他方面。"哦，天啊！他们会断了我的电的。显然这只是开始。我们要是交不起电费，那还怎么还贷款？我们应付不来，肯定会破产的！"有的人很容易把单一的事件想象成深重的苦难。

灾难化会点燃生活某一方面的一个小火苗，并扇风助燃，让一个简单可控的难题演变成无法控制的大火，并跨越边界吞噬沿途的一切事物。野火燃起，那么消防员要做的第一件事是什么？就是通过各种手段，包括挖沟和放逆火，把火情控制住，防止火势蔓延。当你将事件灾难化时，也必须这样做，必须制止蔓延。

在你的脑中，灾难化的行为跟其他的逆境反应类似。你只是在遵循一个潜意识的神经学习惯，这是一条因重复使用而变得更为高效和清晰的路径。想要叫停这一行为模式，你就必须干扰或拦截它。你可以利用以下八个技巧中的任意一个来进行这种神经学干扰，这些技巧叫作止念法。

第 6 章
停止灾难化

止念法又可分为分心法（Distracters）和重塑法（Reframers）两种类型。这些技巧都能有效地干扰神经路径，让你在应对逆境时可以摆脱慌乱（见表 6-1）。

表 6-1　　　　　　　　　　　避免灾难化的技巧

止念法
分心法
• 一巴掌拍向坚硬的平面，大喊"停！" • 关注一个不相关的事物 • 在手腕处套上橡胶手环，用力拉扯后放开 • 用不相关的活动来分散自己的注意力 • 通过运动来改变自己的状态
重塑法
• 重新关注自己的目标。"为什么我要做这件事？" • 渺小化 • 帮助他人

你会发现，掌握这些技巧的最好办法就是应用。任意一种止念法都能助你摆脱轻微或严重的灾难化行为。通过这些方法，你可以让自己更快地从逆境中恢复过来，并减少逆境带来的负面影响。

分心法

分心法旨在助你立即打断自己的消极反应，并有可能改变你的心理和身体状态。

停止蔓延

把手抬起，与桌面或墙面相距 18 英寸左右。确保你的手和平面之间没有东西阻隔。等一下你看到这一页上的"开始"一词时就一巴掌拍向桌面或墙面，并大喊"停！"记住，你喊得越大声、拍得越用力，留在你脑海中的印象就越深刻。你现在应摆好手势了。

ADVERSITY QUOTIENT
TURNING OBSTACLES INTO OPPORTUNITIES | 逆商
我们该如何应对坏事件

你不要去想新鲜出炉的面包的香味；不要去想刚出锅的面包那温暖、香甜、家常的味道，湿湿热热的；不要去想涂上香甜柔滑的黄油并看着黄油流进松软的面包中。开始！（一巴掌拍下并大喊"停！"）

这时候你会觉得手很痛！可能你正想象着新鲜的面包配上融化的黄油，但你喊"停！"并把手拍下的那一刻，疼痛和声音给你的大脑传递一个强烈的信号，形成一种神经干扰。这样就立马封了你的去路。

这项技巧可以应用于逆商提升中。用在个人生活（打开税务局寄来的审计通知）或人际交往中效果最好，也就是你想让别人大吃一惊或是制止他们的消极反应的时候。

Adversity Quotient

一天，我和一个参加过我们的逆商培训项目的朋友被堵在路上。闪烁的高速路牌写着："前方有事故。延误30分钟。"克里斯马上就开始将事件灾难化："啊，不会吧。我们要误机了。我就不能按时到达洛杉矶了！"然后他一巴掌拍在方向盘上。"停！"他大喊一声。我大笑起来。

"嘿，真管用啊！"他说道，然后冷静下来安心开车。他打给办公室，处理了一些事情，包括对于我们误机（确实发生了）后的安排。

关注一个不相关的事物

关注不相关的事物是一种安静且不那么夸张的办法，因此比较适用于公共场合，如会议室、教室和拥挤的地方。这个止念法更为巧妙。首先，拿出一支钢笔或铅笔。然后，从现在开始盯着这个东西看30秒钟，试着找出你没注意过的细节，至少要找出一个。看看文字、颜色、形状、大小等。

可能你很快就在钢笔或铅笔上有新发现。关注一个不相关的事物可以分散大脑注意力，防止将事件灾难化。这个技巧既安静又灵活。你随时随地都可以用！

想象一下，你晚上外出归来回到家里，发现答录机上有朋友留的信息，要求"马上打给我！"你试着回电话，可她的电话一直占线。你马上就开始将事件灾难化："啊，不好！但愿没出事。要是她出了车祸，或是更加惨呢……"然后你就开始了。你拿起电话旁的胶带座，开始认真研究，想找出某个明显的细节。你看到了胶带的牌子、滚轴的尺寸、胶带座的产地，还发现底部缺了一条橡胶缓冲带。你沉默而急速地抑制住一长串将事件灾难化的想法。你找回了掌控力，避免火星发展成野火。你现在就可以利用 LEAD 工具来引导自己度过逆境。

橡皮筋将负面思想弹走

在手腕处套上一根橡皮筋，手臂内侧朝上。现在把橡皮筋拉开六到八英寸，然后松开！啪！你的手腕可能会痛。虽然我不想让你感到一点点的疼痛，但这个简单的技巧可以有效打断你对不利事件的胡思乱想。要是你觉得这样做很傻，那就看看有哪些人在使用这个技巧。

- 在篮球领域，明尼苏达森林狼队（the Minnesota Timberwolves）的凯文·加内特（Kevin Garnett），从高中毕业班的学生一跃成为职业篮球运动员。最近，在一个美国全国性的电视节目上被问及手腕上的橡皮筋是怎么回事时答道："每当想法失控的时候，啪！我就用这个抽打自己。我经常在罚球线上这么干。"
- 查尔斯·巴克利（Charles Barkley）是休斯敦火箭队（the Houston Rockets）的篮球明星，也是美国全明星球员，三次入选美国男篮梦之队。他用橡皮筋来"让自己把事情控制住"。

通过逆商的培训项目，数千名高管、销售人员、家长、领导者、学生和教育者戴上了橡皮筋，就戴在手表或手镯的旁边。加州大学洛杉矶分校国际教育专业的博士生蒂姆·林特纳（Tim Lintner）开发出一种色标系统，一个颜色代表一种程度的逆境。"红色是最严重的，蓝色则相当轻微，"蒂姆解释道，"用我的这个办法，只需看着橡皮筋（他将之紧紧缠绕在自己表带上），就可以获得重要提醒，借此来重新调整自己的反应。"蒂姆·林特纳和妻子丽莎遇到了他们自己的难题。丽莎的父亲最近因心脏病发作而离世。蒂姆开始读博就意味着要搬到洛杉矶去，而且丽莎要找新工作，还得住在一个比较小的地方。由于公司裁员，丽莎没了工作，雪上加霜的是他们的第一个孩子艾米丽降生了，三人住在小小的一居室里。除了完成课程作业和撰写研究论文之外，蒂姆还承担了大部分的带娃工作。他最近急需一些新的橡皮筋。

这个技巧并不是什么新鲜事。它已经成功应用在各种重视陋习矫正的企业和项目中，比如说减肥项目和戒酒戒毒项目。这个技巧之所以有用是因为：

1. 这是一种简单直接的干扰法，能打断你脑中的消极思维模式；
2. 这是一种看得见的提示法，提醒你不要再将事件灾难化，要重新调整自己的反应。

这个技巧可以运用在很多场合，私人场合和公共场合都适用。你会发现自己变得喜欢在团队会议或席间交谈时狠狠地弹自己一下。而且，要是有人发现你在弹自己的橡皮筋，那么此时不向这位朋友进行介绍并使其获益更待何时？所以，状况良好时就在手腕处套上橡皮筋备着！要是觉得自己老是想着某些不好的事情，就啪地弹自己一下。

积极的干扰

我儿子所在高中的校长琼自己一个人坐在过道的另一边。我们觉得，她戴着帽子和墨镜坐在电影院里，表明她想一个人待着。但是，似乎很奇怪，这个平时热衷于社交的女人竟会一个人看动作大片。

电影结束后，她经过我的位子。"是不是很精彩！"她惊呼道。

"我还在屏住呼吸呢！"我回答道，也对她微笑。"所以你总是一个人来看这些无聊的浪漫轻喜剧吗？"我开玩笑地问道，因为我的好奇心占了上风。

"嘿，这很治愈！"她说道，"每当我觉得自己应付不过来的时候就会来看这样一部电影。越吵、越疯，就越好。"

有时候，刻意让自己不去关注眼前的逆境会是一种非常有效的办法。这样你就不会将事件灾难化，也会让自己获得重要的"暂停时间"，等自己的情绪和精神变强了之后再去应对。把反应推迟让你能够整理一下思绪，考虑如何应对，然后直面逆境。

利用分心法来避免灾难化的方式有很多。与其瞎琢磨，不如听听吵闹的音乐；去喜剧俱乐部或是看部搞笑的电影，能让你开怀大笑就行；或者像琼一样看一部动作电影。这些活动不仅能打断你的思维模式，还能大大改变你的心理和身体状态！

灾难化的行为会抑制免疫机能，释放破坏表现的化学物质，也就是过多的神经递质，如儿茶酚胺和皮质类固醇。情绪的野火在血管内燃烧，并蔓延到身体的各个细胞。这样才说得通。

当你在经历电影中的情绪和刺激的时候，你会感觉到自己体内的变化。你经历紧张、放松、大笑，并对自己正在看的东西做出反应。分心法不仅能让你不要对逆境做出反应，而且还能改变你的生理机能。

有些时候，无聊的电视节目、劲爆的小说或者一个业余爱好都管用。这些可以用来分散注意力的事情不胜枚举。此外，让逆境一遍遍在脑中重演并非上策。分心法是一个强有力的工具，能让你停止这种有害的模式，并让自己回到正轨。

然而，采用该方法时需要懂得区分"有意为之且富有成效的分心法"和那些"让人麻木的垃圾电视节目"，后者会变成使人上瘾的逃避之法，或是浪费时间之法。这些分心法就像巧克力曲奇饼干一样，在对的时间就会非常治愈，不加辨别地使用就非常有害。

通过运动来改变自己的状态

当你胡思乱想或将事件灾难化的时候，就会陷入一种消耗你的精力和活力的心智模式。坚信一切都会出错能迅速打击你的信心。即使你什么也不想干，但你的脑子还在反复思考着问题。这样就会引发恶性循环：坐下来瞎琢磨、瞎琢磨又坐下来。

有时候我们需要冲破逆境，待精神焕发时再来应对。想要恢复精神，最有效的办法就是去运动。让自己离开座位，站起来，然后走路、跑步、骑车、划船——只要是对你有用的运动都行。让大脑充满内啡肽是很有帮助的。大多数人只需要进行20分钟的有氧运动就能从中获益。

通过强体力活动来释放压力，能给身体和情绪带来无数的好处，比如：

- 你对自己更加满意；
- 你改变了大脑中的神经递质，提振免疫系统并分泌出有利健康的、改善表现的化学物质；
- 你更有可能恢复平静；
- 通过使用肌肉力量并暂时耗尽肌肉力量来释放压力。

重塑法

重塑法让你正确理解自己身处的逆境，从而让你停止灾难化。将事件灾难化的行为本质上就是一个自我放纵的过程，你的注意力变得强烈，而且是向内看的，这会让你的视角发生偏颇，暂时就只看到自己。重塑法则让你的视角变得平衡，让你能看到自己以外的世界，并以新的眼光来看待逆境。

你的目标是什么

这个止念法非常有效，能提醒你自己的初心是什么，或者说是为了什么目标才遇到这个难题。当你觉得自己看不清全局的时候，就是运用这一技巧的最佳时机。你应该很清楚什么样的情况适合使用这一技巧。例如，你发现自己执着于细枝末节；你一直想着那通电话、那场会议、那封信或是那次谈话；你一遍遍地琢磨细节及其对你的影响，还有你坚信这些必然会造成的伤害。你的反应是为了小我，而不是考虑大局。

我和很多改革团队打过交道，其中就包括那些进行企业重组、实现战略性增长或合理精简人员的团队。这个痛苦的过程需要加班加点地进行，也因为会裁员而让人有心理负担，所以效果往往越来越差。

与应对逆境时的情况一样，进行企业重组的团队成员有时也会将事件灾难化。要是他们加入这个团队，他们就会裁员，可能裁掉的还是自己的好朋友！要是他们不加入，那么他们自己的工作就会岌岌可危。他们工作到深夜，周末也加班，没什么时间陪伴亲人，有时一连数月如此！弗兰妮的经历就是典型例子。

> **Adversity Quotient**
>
> 弗兰妮过得一团糟。"这地方垮得很快，"她抱怨道，"人人都怕得要死。而且他们都看着我，等着看我会提出炒了谁，让谁忠心耿耿地工作那么多年后丢了饭碗。而且，我没时间跟吉姆相处。我知道他跟别人有一腿！我都见不到我的孩子们。那天我看到布莱恩在车库里跟他的朋友瞎搞着什么！可能他们在嗑药。我不断长胖。我都没机会骑我的新单车。我整天就是喝咖啡、开会、裁员、晚归、上床睡觉，然后又从头把这些事情做一遍。但是，我没办法改变。但我觉得自己还挺幸运，还能有份工作！"

探究目标的时候先问问自己"为什么？"为什么你选择了这份工作、这家公司、这个地方或这件事情？若你不断问自己为什么，最终你就会找到一个核心价值。对于弗兰妮来说，答案是："我和丈夫想生活在一个好地方，让孩子们有安全感而且可以上好学校。"

于是我问弗兰妮:"为什么这对你来说这么重要?"

"这些就是我生命中最重要的事情!"她激动地说道。

"你现在还是这样认为的?"

"当然!"她答道。

我刻意停顿了一下。

"所以你选择这份工作的原因一直都很强烈,也是很个人化。那么这份工作为什么能让你觉得经过这么多年后,你依然还能按照你的核心价值活着呢?"

弗兰妮微笑起来。"很棒!"她兴奋地说,"我觉得现在没多少人可以这么说。"

"既然你还记得自己为什么选择这份工作,那么对于自己参与企业重组团队一事,你怎么看呢?"

这一次弗兰妮语塞了。"啊,这事儿不容易,但我还能应付一会儿。我不会一直做下去,而且我意识到自己还在正轨上。"通过重拾目标感,弗兰妮把一场大灾难变成了典型的高逆商的反应!她现在又回到了正轨上,并准备好了要继续攀登。

你会发现,问问自己这些问题就可以让你重新找回自己的目标。德国哲学家弗里德里希·尼采(Friedrich Nietzsche)曾说过:"一个人清楚地知道自己为什么而活,就可以忍受任何一种生活方式。"知道自己为什么做一件事,就可以正确看待自己做这件事的方式。

渺小化

当我们胡思乱想的时候,会出现两种情况:一是我们会歪曲这个问题,最后就觉得这个问题太过严重,无法解决;二是我们会非常关注自己,也很关心当前形势会如何影响自己。无论是哪种情况,将事件灾难化的时候,看法就会有失偏颇。让你重拾判断力并重塑逆境的一个技巧是渺小化。

第 6 章
停止灾难化

渺小化是指刻意让自己置身于某个环境中，让周围的事物把自己衬托得很渺小。我就会选择站在山脚。对我来说，没什么能像站在 14 000 英尺高的山峰下更能让我清楚地看待自己遇到的问题是多么地渺小了。有些人喜欢走在沙滩上，也有人选择凝视星空。凝视无垠的海洋或天空会让你意识到，在浩瀚的宇宙面前，自己的问题是多么地微不足道。

无论如何，换个环境能有效地打断自己的反应。有时候，坐在机场候机厅或别的地方，里面挤满了压力重重的人，就会觉得非常治愈。坐在某个地方，将喧闹的人群尽收眼底。啜着果汁（灾难化的时候不宜喝咖啡和饮酒），看着人来人往，看着他们的脸。若有可能，听听他们说的话。人人都有难题，而且我们总能挺过去。

你可能会有个特别的去处，在那里，事情变得更为平静和完满。你可能想要打造出这么一个地方。这件事可能就像听一场精彩的歌剧、百老汇音乐剧或交响乐那么简单。气势磅礴的音乐与创意会让你感觉到自己的渺小。参观很棒的美术馆也会产生这样的效果。

渺小化会让你意识到，虽然眼下有这样一场灾难，但是地球仍在继续运转着，这样你就会重新正确看待自己的问题，并跳出自己的思维。

帮助他人

毫无疑问，有一个极为有效的做法，能让你马上可以正确地看待自己的问题，那就是帮助遇到更大难题的人。不妨去养老院帮忙照顾一位 87 岁的老奶奶。她没有家人，吃不了固体食物，勉强能自己梳头，需要别人提醒何时应该小便，却还记得自己以前是做什么的，也记得自己以前能做什么。

或者不妨去做残奥会的志愿者，见证那些有各种身体缺陷的人所展现出来的美感和奇迹。

不妨花几个小时去本地的福利机构看看。用不了多久，你就会感念自己是多么幸运，而自己面临的挑战又是多么渺小。去给无家可归、无法洗澡、没有尊严的人提供晚餐。这会让你觉得工作到深夜、失去晋升机会、与另一半吵架或是脚筋拉伤实在不值一提。

当我们看到别人的不幸时，就能以更加谦卑的视角看待自己的不幸。做好事不仅能打断你的胡思乱想，还能对生理和心理产生一系列积极的影响，从而提振你的精神并增强免疫抗逆性。

止念法和 LEAD 工具

把这八个止念法和 LEAD 工具结合起来运用。你在倾听自己的反应时，一出现胡思乱想或小题大做的征兆就立马使用止念法。这可以防止逆境蔓延到生活中需要保持坚强和完整的那些部分。这样一来，你从挫折中恢复过来的能力以及引导自己去提升逆商的能力，就会大大提高。

把 LEAD 工具和止念法看作调整自身状态以适应攀登的一种方式。只要进行一些调整，你就可以期待立竿见影的效果。你会发现自己看待逆境和应对逆境的方式发生了变化。然而，最强有力、最有意义的改变要经过一段时间后才会发生。不久之后，你察觉逆境、倾听自身反应、探究自身的担当、分析证据和采取决定性行动的能力，足以让你抵御日常的逆境。你会改变倾听自我和倾听他人的方式。就连大逆境也会威力大减，虽然暂时会降低你的攀登速度，但不会让你停止攀登。

学会自行使用这些方法是逆商的第一个重要应用。但是，要是你的员工发牢骚、你的另一半将事件灾难化、有个朋友胡思乱想或是有个团队成员惨遭逆境践踏的话，那你会怎么做呢？你会如何有意地帮助这些人，不让他们陷入相互依赖和受害者心理构成的恶性循环呢？在第 7 章中，我将会告诉你逆商的第二个重要用途：帮助他人更加积极地应对逆境，从而让他们也可以继续攀登。

ADVERSITY QUOTIENT
TURNING OBSTACLES INTO OPPORTUNITIES

第 7 章

提高他人的逆商和攀登能力

> 只有经历苦难、遭遇损失、经受逆境并跌跌撞撞屡次失败的人才真正了解生命。
>
> 里扎德·卡普钦斯基（Ryszard Kapuscinski），波兰记者

随着你日渐熟练地利用 LEAD 工具来引导自己提升逆商，你会发现生活中的其他人也可以从这个基本策略中获益。如果你有朋友或亲人遭遇了苦难，你就可以帮助他们制定策略，让他们避开受害者心态这一陷阱，不再一味地发牢骚。

在商业领域，逆商低的人会损伤团队的士气、势头、生产力和绩效表现。尽管在教练、亲子教育、领导力领域，常把"倾听"当作一种工具，并带来诸多益处，但不一定会产生真正的变化。你必须在"倾听"之外，使用 LEAD 工具引导

同事和下属拥有更高的逆商,使他们的行为更高效。

通过学习本章的内容,你可以试着去开发孩子的逆商,提高他们在逆境面前的担当和掌控感,用 LEAD 工具提升他们的逆商,以提前做好准备,战胜无助和抑郁。

用 LEAD 工具引导朋友

43 岁的萨曼莎是我们家的老朋友。她身材娇小,长相年轻,一直以自己的外貌为傲。让她很享受的是,她能紧跟潮流,还能和女儿的朋友们一同出去逛街。

一天,萨曼莎为了找个能聊聊的朋友,敲开了我们家的门。她没有化妆,头发蓬乱,异常地萎靡不振。萨曼莎坐下来,强作欢笑,但她的眼神说明了一切。她的表情呆滞,脸色灰白毫无气色,与以往一脸的神采飞扬判若两人。曾经的希望和活力已被绝望和痛苦所取代。谁还忍心责怪她呢?

七年来,她全心全意地经营着这段婚姻,但她的丈夫蒂姆(Tim)却逐渐开始对她进行语言暴力和情感侮辱。他像患上人格分裂一样,一会儿爱得温存浓烈,一会儿恶意满满、怒气冲冲,而且还愈演愈烈。这给萨曼莎和孩子们带来严重伤害。她的三个孩子分别是 17 岁的乔(Joe)、20 岁的赖安(Ryan)和 23 岁的丽莎(Lisa),都是萨曼莎与第一任丈夫生的,但孩子们把蒂姆当作生父一样看待。尽管蒂姆也会给孩子们买很多礼物,但通常是为了收买他们,或是对自己激烈言辞的弥补罢了。久而久之,萨曼莎、孩子以及她的朋友们都意识到,蒂姆的魅力实则非常危险,是一个装出来的假象。实际上,他是人际交往方面的"黑洞",会吸干亲近之人的能量。萨曼莎和孩子们感到毫无希望而且情绪濒临崩溃。

家庭虐待给乔、赖安和丽莎带来了恶果。尽管萨曼莎对孩子们盯得很紧,但他们还是在行为上直接对抗蒂姆"邪恶的一面",以抗议母亲这段婚姻的失败,抗议母亲的真心错付。乔沾上了毒品,从高中辍学在家;丽莎放荡滥交;赖安还未满 20 岁就当上了爸爸。乔看来也会步其后尘。

萨曼莎过来找我聊天的那天，她的心情坏到了极点。虽然她之前进行了几个星期的治疗，但是很明显，她需要对一位从一开始就认识她和蒂姆的朋友倾诉。跟蒂姆办离婚、重返校园以及努力挽救自己的孩子，这些累积在一起的痛苦远远超出了萨曼莎能承受的。最重要的是，她之前经营蒂姆的按摩理疗室是不拿薪水的，好让蒂姆把精力集中到病人身上。萨曼莎现在不得不去找一份新的工作。

LEAD 工具的实践运用

这几个星期，萨曼莎因自己离婚以及孩子们惹的麻烦而悲伤难过，所以我觉得此时很适合用 LEAD 工具来帮助她应对逆境。

倾听（L）逆境反应

我首先倾听萨曼莎对于日渐累积的困难所做出的反应。萨曼莎的脸色、姿态以及声音透出的无力，与她所说的话一样都反映出她的状态。"我真受不了，"萨曼莎说话的语调苍白无力，"我的生活全毁了。真的，你看看我，一段完美婚姻的梦想破灭了；我的孩子们一个个在堕落；我自己都 43 岁了，还要从零开始重新找一份工作。"萨曼莎不禁叹了一口气，继续面无表情地说着。

"拜托了，保罗，像我这样的人根本就不可能再去找工作了。现实一点！跟其他人相比，我并没有什么优势可言，"萨曼莎再次叹息道，"我什么都没了。我努力当个好妈妈，还帮蒂姆做事，但我做的事情并没有起到什么效果。你还记得几年前吧，我甚至逼着蒂姆去看医生，可是他根本就不当回事。"我尽量不置可否地点点头。萨曼莎继续说道："我觉得自己一无是处。我知道我早该做点什么来挽救这段婚姻，现在的我睡不着觉，可这又有什么用呢？我早该想到会有这么一天。我觉得自己实在是太蠢了。"她又一次叹息，又一次停顿："我的一切都毁了。"

探究（E）对结果的担当

我的警报立刻响起，显然，萨曼莎的逆境反应非常消极。回想这么多年来我们的交往，我意识到她虽然性格开朗，但她的逆商可能很低。于是我用上 LEAD 工具的第二个步骤——探究谁应该担责。

担当力——谁来负责收拾这个烂摊子？ "让我们停下来想想这件事的后果，"我开始说道，"你提到了几个后果，其中包括离婚、孩子问题、找工作和家庭。你还能想到别的吗？"

"除了睡不着、一直头疼、消化系统出问题、持续感冒、吃不下东西之外，没了。"从萨曼莎的自嘲中可以看出，她现在的精神比刚进门时好多了。

"那好，"我继续说，"听上去你所罗列的这些后果比较完整了。让我们先从一些具体的事情开始。谁负责帮你找到新工作？"

"是我。不会是别人！"萨曼莎明确表态，好像这个问题就跟问"太阳是否每天升起"一样。

"谁负责修复你和孩子们之间的关系并帮助他们回到正轨上来？"

"我想还是我，"萨曼莎试着说道，"我有责任帮助他们逃出噩梦般的生活。"

"那么，谁来为你的长期健康负责，让你摆脱头疼、消化不良、感冒和失眠？"

"啊！好吧！"萨曼莎机智地回应，终于表现出了以往的活力。"当然是我！别傻了。"

"我只是想知道，"我直言不讳，"你既要对自己的就业和健康负责，也要负责修复与孩子们的关系？"

"没错，"萨曼莎继续说，"那么，接下来怎么办呢？"她因自己无意间一语中的而微笑起来。我以萨曼莎提出的问题作为过渡，转到 LEAD 工具的第三个步骤。

第 7 章
提高他人的逆商和攀登能力

运用理性思维：分析（A）证据

"你进来的时候心情特别糟糕，对吧？"

"的确糟透了！"萨曼莎大声说道。

"我其实可以光听你说，然后附和你，说你这个人不错的，接着就说你的痛苦我能体会。但这样做除了让你知道我关心你之外，能让事情变得好一点吗？"

"唉，的确不会有什么改变。其实我可能会更加难过！有时候，我的朋友们就是这种反应。"萨曼莎肯定了我的策略。

"我想帮助你改善自己的处境，让你不会再这么难过，"我说道，"所以，这就是接下来要做的。"萨曼莎点头示意我继续说下去。于是我开始分析证据。

"我们回顾一下你刚说的一些事情，"我开始分析，"你说自己什么也做不了，那意味着你对此毫无掌控力。"萨曼莎点头，脸上闪现之前的痛苦表情。"那有什么证据表明你真的没有掌控力呢？"

"哎，你也看到了，蒂姆都做了什么！我尽力去经营这段婚姻，可还是失败了。我的努力毫无成效！我和那些被恶魔丈夫伤害的女人一模一样！而且，你知道吗？"萨曼莎不等我回答就继续说，"我以前还觉得她们真傻！"

"是的，显然你觉得很无助。现在你正在走出来。那么，我再问一次，到底有什么证据证明你现在没有掌控力？"

萨曼莎一时语塞。"呃……"她顿住，"没有，我觉得，至少现在没有。就是觉得过得很艰难……"

"确实很难！"我打断她，同时靠近一点，"但是艰难等同于不可能吧？"

"我明白你的意思了。"萨曼莎微笑道，感觉更放松了一点。

"那么你也认同，没有证据表明你没有掌控力？"

ADVERSITY QUOTIENT
TURNING OBSTACLES INTO OPPORTUNITIES | 逆商
我们该如何应对坏事件

"我觉得没有证据。没有！"萨曼莎表示肯定，同时还一拍大腿以示强调。

我继续进行证据分析这个策略。"你刚说'一切都毁了'，有什么证据表明一切肯定会毁了？"萨曼莎再次努力列出理由来说明她的生活可能会毁掉。我也又问了她一次这个问题。萨曼莎及时给出回答："没有。"没有证据表明一切肯定会毁了。我问："有什么证据表明这件事会持续很长时间？"萨曼莎也给出了同样的回答。萨曼莎意识到，她其实要花点时间和心思才能让自己和孩子们的生活回到正轨。但是，必须立刻朝着那个目标大步迈进。没有证据表明这件事会持续很长的时间。

"那么，"我总结性地发问，"看看我的理解对不对。既没有任何证据表明你没有掌控力，也没有任何证据表明一切都毁了或是这个情况会持续较长的时间，对不对？"

对此，萨曼莎认真思考起来。"没有，我觉得没有。"她说道，好像渐渐明白了什么。

"太好了！听起来好像事情已经有所好转了！"我微笑道，同时转向 LEAD 工具的最后一个步骤——做点什么！我拿来一张纸和一支笔，满心期待地稍作停顿。

采取行动：做点（D）什么

"那么你能做些什么来找回一点掌控力呢？"我问道。

"噢，我不知道，"萨曼莎说道，"但我觉得我可以去跟孩子们谈谈。"

"可以。那么这么做会有什么用呢？"我问道，引导她去弄清楚自己的想法。

"可能会让我明白，我仍然可以用我的爱来让他们的生活发生改变。这会让我觉得很开心。"

第 7 章
提高他人的逆商和攀登能力

"很好!那你还可以做些什么来找回掌控力呢?"我快速记下萨曼莎慢慢说出的五个行为,其中一项是去见自己的律师。

我继续引导萨曼莎去采取行动来限制逆境的影响范围。"那么,你能做些什么来防止事态失控而毁掉一切呢?"我问道。

"我觉得自己可以努力去找个工作,还要找个地方住……"

"你可以从哪里开始做起?"我要知道具体的做法。

"我可以把简历准备好,拿到客户的好评推荐,告诉大家我在找工作,然后开始看看公寓……"萨曼莎慢慢地说出来。她使劲想还有哪些行动,我就一直往下记着。

"那你可以做些什么来确保这件事不会持续过长时间呢?"萨曼莎又列举出一些行动,包括加快离婚办理进度以及跟孩子们共进晚餐。

利用漏斗法,毅然投身行动。然后我开始进行最后一步。"那么,萨曼莎,你对我说,你会负责为自己找到新工作和新住处,并逐渐修复与孩子们的关系,而且没有证据证明你没有掌控力,也无法证明这件事一定会毁掉你的生活,或是这件事一定会持续很长时间。对不对?"

萨曼莎点头。

"然后你列出了……"我郑重其事地数着,"1、2……12个可以让情况好转的行动。你准备先从哪一个开始做起呢?"我把清单给她,让她看看自己说了什么。

萨曼莎回顾了一遍,然后说:"我想先带乔、赖安和丽莎去吃晚饭。他们是我最先要考虑的。"她站起身,表情坚定且充满生机。"我迫不及待地想要修复我们之间的关系了!"她兴奋地大声说,还拍拍手。

"很好!你什么时候带他们出去吃饭?"我并不想放过她。

"今晚！行吗？"她微笑道。

"很好！你想用我的电话打给他们吗？"我问的同时就把电话递给她。她一把夺过去，大笑起来。

"这真是太神奇了！"她大声说道。"我走进来的时候还特别绝望，而在这么短的时间内，都不够我化个妆的，你就能让我大笑起来，还准备给孩子们打电话。我发誓，我从没想过自己还能笑得出来！"

引导他人的本质

LEAD工具极为强大的一点或许就是它的通用性。几乎任何一个有逻辑思维能力的人都可以用。你会渴望掌握这个工具来帮助你的同事、朋友、亲人、客户、学生和下属。就像萨曼莎的情况一样，你可以根据身边的人、他的反应和所面对的处境来调整使用LEAD工具。

这看起来像是一个冗长又复杂的过程，但其实进行得很快，只要花5到20分钟就能完成，比一个人抱怨自己的麻烦事所用的时间要少得多。而且，这个过程很简单。我和萨曼莎的对话可以归结为几个基本的问题和几个后续的问题：

- 可能是谁或什么事情引发了这件事？
- 还有可能是因为什么事情或什么人？
- 对于这一连串的原因，有多少是你的错？
- 这件事的结果或后果有哪些？
- 你要对哪些部分负责？
- 你说（插入对方说的话）。有什么证据证明你没有掌控力，表明这件事一定会毁了一切，或是表明这件事一定会持续较长的时间？
- 你可以做些什么来找回掌控力、控制损失、缩短持续时间？
- 你想先从什么事做起？

通过提出类似上述的问题，你就可以引导他人客观地进行分析、质疑并采取行动，从而改善他们的处境。由此，你也可以根据自己的风格、他人的需求和具体情况来调整这个流程。

比如说，你想要帮的这个人认为事情在她的掌控之中，但会毁掉一切并一直持续下去。显然，你就不会问她："有什么证据证明这件事完全不受你控制呢？"因为她从没说过这样的情况。你会马上知道要关注 LEAD 工具中与此人的逆境反应最契合的那些内容。

要提问，不要说教

如果你拥有一个很强大的新技能或新信息，知道可以借此帮助你所关心的人，那么你会如何让他知道呢？假如你知道，为了帮助他，他需要先对此理解透彻，你会怎么做呢？你会直接就让他坐下来听你说，还是先做个示范，然后让他自己去试试？

虽然你的常识会告诉你，最好是让别人自己去体验一项新的技能，但事实上你可能会忍不住去解说一番。我们对于传授新知的热忱，常常会让我们忘了自己的目标是要让别人掌握这个信息，而不只是听到而已。对于 LEAD 工具，最好的方法也是去探索和体验，而不是解说一遍。

所以，下次再看到好朋友消极应对逆境的时候，你可能很想让他坐下来，然后说："好了，你正在消极地应对逆境，但我知道该怎么帮你。首先，你要倾听自己的反应，你的反应是负面的。你要对（你列出来的）结果负责。然后，你需要分析证据。没有证据表明事情不受你的掌控，或者事情一定会毁掉你的生活，或者事情一定会持续下去。那么，接下来你得列出行动，并选出一个你想要做的。明白了吗？"

大多数人都讨厌被告知做什么。直接告诉朋友该如何生活，并不能提高他的学习能力，也没有让他有能力去对付将来出现的逆境。最好的情况是，你会让他更依赖你给出的建议！最坏的情况是，他会因为没有按照你所说的来做而觉得自己愚蠢。

因此，LEAD 工具的一个重要内容就是提问而非说教。要知道，我和萨曼莎的整个对话就是一个提问的过程。我一直都是在提问题，引导她快速而轻松地对这项技巧进行探索和实践。无论什么时候运用 LEAD 工具，都要表现得像一个向导而不是一个专家。

光倾听还不够

倾听有其作用和价值。有时候，我们只是需要某个人能聆听或听见我们所说的。其他人的建议可能正合时宜地被采纳。倾听有几个重要的作用：它能让人觉得受到认可和肯定，感觉被听见、被关心。做得恰当的话（这是个相当重要的限定条件），倾听还可以让人在安全的环境中释放出自己的情绪和想法。显然这非常有助于治愈，也能提供养分。这些都说明了倾听是人与人之间联结的基本要素。

可惜，倾听带来的好处会受限于逆商的高低。逆商高的人会把倾听者当作共鸣板，让对方把心中的一些事情吐露出来；同时，利用对方的真知灼见来优化自己的行动策略。

然而，逆商较低的人则倾向于借用倾听者的体力和精力来暂时支撑自己。或者他们会把倾听者拉入需求和绝望的循环之中，或者通过自我表露来强化自我价值感和无能为力的感觉。这个循环的产生是源于他们无法维持倾听者所带来的乐观精神和力量。这就很像把水倒进筛子里。久而久之，倾听者会觉得筋疲力尽或没有成效，而低逆商者则觉得越来越无望、心生依赖、没有动力。他们会因无法独立而日渐软弱。

萨曼莎带着种种严重的问题来找我的时候，我面临一个选择——是倾听，还

第 7 章
提高他人的逆商和攀登能力

是利用 LEAD 工具进行引导。如果没有利用 LEAD 工具，那我可能就是听萨曼莎倾诉而已，表现出自己最好的、最真诚的倾听技巧，体会到她的感受并表示我理解她的困苦处境。我要是成功做到了这些，那么就能让她放心地敞开心扉，把事情讲出来。她可以为自己的失败和绝望而哭泣，而我可以说些安慰的话，并给她一个抚慰的拥抱。她会感谢我的善意，而我会感谢她的信任。她会好受一些，而我们的友谊明显会因此而加深。

当萨曼莎听到自己讲了出来，身边还伴有一位富有同情心的朋友，或许，她能好受一些，发现事情不像她刚开始时想的那么糟糕，或许，她会更加难过，沉浸在自己的情绪里，并且意识到，因为跟蒂姆的交集，导致自己所在意的人和事大多都受到了伤害。把问题拿出来谈论对你的身心健康都很重要，但并不总能让你感受好一些！因此，萨曼莎把自己的情绪宣泄出来之后，要么感觉轻松了，要么感觉负担加重了。无论哪种情况，都不能表明光是聆听萨曼莎，情况就会好转，顶多是改善她的看法而已。

避开建议的陷阱

要是我掉入典型的建议陷阱之中，那么我就会对萨曼莎说要去跟孩子们谈谈，或是开始准备简历；我会尽力讲出类似"去做些什么吧"这样激励的话，把她逗笑，让她感觉好一些。但是，萨曼莎在开车回家的时候，由于自己的低逆商，又会开始琢磨自己的逆境。或者，她要面对这样一个现实：她回到的地方已经不像个家了。受困、受伤和无力的感觉可能又都会卷土重来。萨曼萨不太可能会按照我的鼓励行事，随着时间的推移就更不可能。她的释然感，也就是我给她撒下的希望的种子，会被她的低逆商扼杀掉。那么，下一次萨曼莎想改善心情的时候可以去哪里呢？她会打给我，或是打给另一位乐意提供更多建议的朋友。这会构建出一种不可持续且两败俱伤的循环，就是虚假的希望和绝望的循环。萨曼莎不会认为自己有能力采取行动，找回自己的生活，然后继续攀登，而是会更加依赖别人的帮助。

那么，如何能把握住倾听带来的强大好处，同时又能避开其危险的消极面呢？最好的办法就是利用LEAD工具来引导他人提升逆商。在萨曼莎的例子中，LEAD工具的应用是从倾听开始，却是以她自己决定采取行动结束。萨曼莎通过运用LEAD工具，让自己明白没有证据可支持自己的消极结论，同时也增强了她对于事件结果的担当。今后，一旦她开始胡思乱想或是陷入低逆商的状态，就会回想我们的谈话，回想她自己说过没有这样的证据。要是一个人向自己证明这个信念没有任何可支持的证据，那么他也很难继续维持这个信念。

萨曼莎也有了具体的行动清单，而且这个清单是她自己列的，不是我列的！这些是她想出来用于改善情况的策略。我避开了建议的陷阱。一些痛苦的经验让我明白，我根据自己的情况而提出的最具善意的建议，可能并不符合当事人的情况，甚至很可能会没有用。她更有可能会按照自己的主意行事。

因此，使用LEAD工具之后，萨曼莎和她自身的处境都变了。她觉得有人听她倾诉并且关心她，也觉得轻松了，并且有能力采取行动。通过打电话约孩子们吃饭这样一个简单的行为，就让她和孩子们的关系得到了改善。情况在好转，而且看似无望的局面有了向前发展的势头。

重新思考领导者的角色

卓有成效的领导者通常需要具备很多能力。这些能力包括：给人启发、有影响力；能够建立愿景、引领和教练下属；服务团队和组织、并重视组织的多样性；制定策略、以身作则；敢于冒险、推动变革；居中调停、沟通交流；阐明目标、并满怀激情地工作；不断地让自己和他人焕发新生，等等。现在还需要加上一项新的能力，那就是利用LEAD工具引领他人度过逆境。也就是说，领导者必须教练下属更为建设性地应对逆境。这样才能提升自身的才能，更好地追随领导。领导者每天都面临着逆境：他们要冒险，要建立团队意识、要领导他人穿过充满不确定性的雷区，要尽量兼顾自己和他人的需求，或是要长期尽职尽责，为下属做好榜样。

领导者所处的环境也是困难重重。对内既要用"不破不立"的方式来运作公司，对外又有来自股东们质询的压力，于是领导力越来越像一种充满不确定性的艺术。

为了阐明逆商与领导力之间的关系有多重要，我们不妨来设想一下低逆商的领导者是什么样的。最好的情况是他很有才华地刻画出一个引人注目的愿景、制定策略并鼓舞人心。但是，要是他自己都不能挺过逆境，那这些技能又有何用呢？如果他的逆商较低，所有这些技能都经不起考验，只有在理想状态和顺境中才有用处。追随这样一位领导者比登上一架无力应对乱流的飞机更惨。理想状态什么时候才会出现呢？就像飞机的境遇一样，逆境袭来时，低逆商的领导者会软弱下来，甚至崩溃，变得灰心丧气、意志消沉、理想破灭。从这点上看，"领导力"和"低逆商"是两个相互排斥的词。

换一种情况。假设，有一位领导者，她在刻画愿景、冒险、推动变革和鼓舞人心方面的能力一般，但她拥有高逆商。显然，她会在逆境中获得成长，在低逆商的领导者放弃的时候，她仍能坚持下去。低逆商的领导者看到的是不可逾越的障碍，而高逆商的领导者看到的是值得为之投入更多努力、创意和资源的挑战。她不够完美，判断也不够准确，但她的韧性可以弥补这些。从这点上看，"领导力"和"高逆商"是同义词。

用 LEAD 工具引导一位同事

玛莎是一位尽职尽责的领导者。她怀有一个鼓舞人心、极具凝聚力的愿景，帮助教育机构进行彻底的改革，以适应未来的发展要求。玛莎曾担任地方教育局长，也是教育学教授和高校管理人员，颇有影响力和公信力。目前，她在一所重点大学的领导力发展中心担任领导。她的项目和专业知识在教育界（这是她的目标市场）获得了好评。为玛莎提供咨询的时候，我发现，她很不幸地遇到了一些重大的挑战。

因为州政府颁布了严厉的财政紧缩政策，所以周边的学校系统大多经费锐减。以前，这些老师和管理人员会请玛莎去召开一系列的研讨会并介入管理，玛莎的大部分收入都来源于此。如今，这些学校都在疲于缩减开支，而不是考虑未来发展。颇具讽刺意味的是，正因为预算削减，才更迫切需要对学校的教育方式进行改革。其实，让玛莎担忧的是自己迄今为止所建立起来的发展势头会被消弭。

似乎是为了证明她的担忧不无道理，在我们会谈期间，当地一位大型学区的教育局长莎伦突然到访。莎伦显然很难过，玛莎简单介绍了一下，说我是她的顾问，然后把莎伦领进办公室并关上门。于是我得以亲眼看到玛莎把 LEAD 工具当作自然的领导力技能来使用，以此帮助莎伦应对这场预算紧缩的难关。

莎伦向我点点头，然后问玛莎："他在这里没问题吧？"

"放心吧，你在史托兹博士面前说的一切都会保密。"

莎伦相信玛莎说的话，马上就开始说起来，而我安静地听着。"玛莎，我们要怎么办？"她绝望地发问，"我是说，我就是不明白。我们刚要做点重大的改变，他们就把预算给减了。老实说，这些立法者的说法真是自相矛盾。他们先是说重视教育，然后一周后却把我们的经费砍了！真是有毛病！"

"是的，这是个挑战。"玛莎开始说起来，但莎伦正说得起劲。

"你有没有意识到，我们的整个学校系统都会崩溃？我们会失去我们最好的老师，我们会失去更多的项目，而且我们再也拿不到所需要的电脑设备。我们如何能改进课程安排？我来这里是想让事情好转起来的，不是把这个地方带回石器时

第7章
提高他人的逆商和攀登能力

代！我简直无法相信！老实说，我们的社会肯定会完蛋！不管我怎么努力，这种事情总是会发生……"莎伦滔滔不绝地说着，把这件事想象成吞噬一切的灾难。

"停！"玛莎命令道，同时一巴掌拍向桌面。莎伦瞬间噤声，被玛莎的突然之举吓蒙了。然后，玛莎平缓地继续说下去，与她拍桌的举动形成鲜明对比。"等一下。为了不让事情变得更糟，我们从头开始说，从投票结果开始……"玛莎的这一番话立刻打断了莎伦的小题大做，开始探究问题本身。

要是玛莎和周围的大多数教育工作者一样，觉得自己在预算削减一事面前没有掌控力，那么她就会对莎伦表示同情，就会滔滔不绝地说着那些"思想落后的官僚主义者"，还会说自己多么地无助。这些人会因为未来不确定、无力进行改变和这一切的不公平而不断抱怨、烦恼不已。这样的支持就算不是典型的行为，也是可以想象的、可以理解的。

然而，玛莎早早地就参加了为教育者所开办的逆商培训项目。身为领导者，她马上就看出莎伦的低逆商反应。根据以往的经验，她知道，若不加以约束，莎伦的反应很可能会像病毒一样扩散开来，传染给学校教职工、管理人员和学生。玛莎意识到需要用 LEAD 工具来引导莎伦走出消极的反应模式，将之转换成逆商较高的、更为积极主动的思维方式。玛莎一开始就是倾听莎伦的反应，凭直觉完成了 LEAD 工具的第一个步骤。

玛莎已可以逐渐按照自己的风格来运用 LEAD 工具了，接着就进行第二个步骤。通过倾听莎伦的反应，玛莎发现，莎伦觉得整件事都是立法者的错。此外，莎伦没有表现出一丁点儿对预算缩减一事担责的意思。她更喜欢扮演受害者的角色，就只是个提线木偶而已，被州立法机构颁布的财政和政治政策所操纵。于是，玛莎决定去探究莎伦对于此事的责任。

"莎伦，那你觉得到底是什么导致了这次的预算削减呢？"玛莎开始说起来。

"呃，当然是州政府里面那些目光短浅的官员！"莎伦回答道，好像是被迫重述一件显而易见的事。

玛莎继续探究:"哦,我知道这是他们做的决定,但是,他们增加了用于监狱、道路建设和其他需求的资金,那么,你觉得他们为什么会做出这个决定呢?"

"这完全是政治上的权宜之计。他们跟着风向走,把票投给自认为大众想要的东西。"

"继续说,"玛莎催促道。

"好吧,我觉得这也没什么奇怪的,大众并不重视教育。"莎伦说道。

"那为什么会这样?"玛莎问道。

"因为他们愚蠢!"莎伦抱怨道。

"噢,别闹了,莎伦,"玛莎平静地说道,"真正的原因是什么?"

"因为他们看不到教育的重要性。他们没有意识到我们要付出什么,在这样的资源条件下我们做得有多好。"莎伦坦承道。

"那你为什么觉得他们看不到教育的重要性呢?"玛莎继续问下去。

"呃,我觉得是因为他们就只听不好的东西,不听好的。媒体歪曲了我们的形象以及我们所做的事情。"

"继续说。"玛莎重复道。

"我猜你是想说预算削减是因为大众不明白我们想做什么。"

玛莎继续问下去:"这些都是很充分的理由,莎伦,但是为什么大众不知道我们想做什么呢?"

莎伦顿住了。"因为我们没有让他们知道!"她大声说道。

第 7 章
提高他人的逆商和攀登能力

"啊哈！"玛莎说道，好像是肯定了莎伦的想法。

身为领导者，玛莎有效地运用 LEAD 工具来引导莎伦从自己的错误中吸取教训、意识到自己还是有一些掌控力，并为投票结果负一些责任。玛莎通过这样的方式来帮助莎伦提升自己的思考、担当力和主动性。

玛莎继续与莎伦的引导性对话。"那么，你在这场投票中发挥了什么作用？或者说，你本来可以起到什么作用？"

"我觉得我知道这是怎么回事儿了，"莎伦说出了心里话，稍微坐直了一点，"身为一个大型学区的领导者，我没有积极地向纳税者说明我们的想法、进展和效益，从而促成了此次投票结果。我真的就是干坐着等这件事的发生。甚至当我看到此事发生的时候，我也没有试着据理力争，或是斟酌立法者的想法。"

此时，玛莎跟莎伦一起努力，让莎伦回想此次投票并从自己的行为中吸取教训。不出几分钟，莎伦就列出了几项措施。她原本可以采取这些措施来阻止这场投票结果的。玛莎相信莎伦不再觉得无助，也明白了她在这次投票中所起的作用，接着玛莎就让她明白自己应对预算削减一事负哪些责任。她想让莎伦不要再抱怨，而是开始寻找解决办法。

"虽然现在我们所掌握的信息还不完整，但是你觉得这场投票结果具体有哪些负面影响？"玛莎问道。

"嗯……"莎伦停顿了一下，继续说道，"我觉得，可以想象得出，电脑设备的经费被砍了，老师涨工资无望，教练项目就得取消。新生运动员可能也要被裁减。"

"那好，"玛莎点头表示同意，"就算你不是引发这场投票的原因，但是，在你刚才提到的事情中，有哪些可能是你造成的影响？你身为领导者要对哪些事情负责？"

莎伦接着说，自己应对教练项目和电脑设备经费负全责，因为这两件事都是她的主意。其他的都是一些社区的问题，她本可以找到解决方案的，而不是等在那里要求一个好的结果。

身为领导者的玛莎让莎伦坚信这件事不是一次危机，而且可以通过很多措施来最小化损失，也可以阻止此类投票结果再次发生。要是玛莎就把问题留在那里，那么莎伦下次遇到挫折时可能就会将事件灾难化，又要靠玛莎来帮自己走出消极反应。玛莎希望莎伦能更了解自己的逆境反应，明白灾难化是没有用的、反复念叨是不值得的，等等。她需要帮莎伦将目前的逆境反应换成高逆商的做法。她做到这一点不是倚仗着自己的权威来说教，而是进行提问。她就像个向导而非专家。

"在我们往下走之前，"玛莎继续说，"看看我理解得对不对。要是我没记错的话，你说这次投票结果会让整个学校系统崩溃，你会失去你们最好的老师，而你们的学校系统会退化到石器时代。你认为这些事情会发生吗？"

"好吧，"莎伦一时语塞，沉思起来，"我觉得不会。我是说不一定会。但是，如果预算削减一直持续的话，那就有可能会发生。"

"遇到挑战的时候，"玛莎说道，"我发现把事实和想象分开是很有用的。我们应该根据自己所知道的情况行事，而不是根据想象行事。显然这次投票结果给你们整个学区带来了财政上的困难。但是，你就能由此肯定你们学区会崩溃、电脑设备全完蛋、石器时代就要到来吗？"玛莎微笑着问道。"还是你在想象着这些后果呢？"玛莎等着莎伦整理自己的想法。

"我当然是在想象着那些事情。但你得承认啊，玛莎，看到这些后果只是时间问题而已。"

"你真的这么认为吗？这些后果是注定的还是可以避免的呢？"

莎伦再次语塞。"我觉得是可以避免的，但这不容易，看看这事态发展……"

第 7 章
提高他人的逆商和攀登能力

玛莎借着莎伦的看法转到采取行动这个步骤。"所以，要是我没理解错的话，现在并没有证据表明这些可怕的事情一定会发生，比如说教师流失、项目泡汤、电脑没了。你只是说，要是不加阻拦，这些事情可能会发生。对不对？"莎伦点点头。

"那你可以做些什么来预防这些可怕的后果发生呢？比如说，你可以做些什么来让电脑项目继续进行下去呢？"

莎伦换了个坐姿，现在坐得更直了。"我觉得我可以去找外面的资金……或许我可以跟一些公司结成战略联盟，就像你们的资金被砍的时候你所做的那样！"

玛莎在办公室里朝着远处那面墙上挂着的白板走去，开始在白板上写下莎伦的想法。"继续说，"她用马克笔示意，"继续说。"

几分钟内，白板上就写满了莎伦所说的措施，用以抵御她最担心的那些后果。玛莎继续往下进行，并从白板旁退回来。"哇！"她查看这些事项的时候大声惊呼。"你已经列了好长的一个清单！但有时候这样长的清单操作起来很难。我一直觉得安排好先后顺序很有用。等一会儿，"她说道，并把马克笔递给莎伦，"按照你做事情的先后顺序给这些措施排个序吧。但是，我有个建议。"玛莎语气肯定地补充道："你不想做的事情就不要标上号。"

莎伦一把接过马克笔，认真地标上序号，有两个措施没有标。"那些事情我可以交给约翰去做。他对教师补偿问题特别感兴趣。"莎伦解释道。约翰是学区的助理局长。

"你想如何利用这个清单？"玛莎问道，想测测莎伦的认真程度。

"我可以把这些写下来吗？"莎伦问道，"我想把这些当作下次员工会议的重点来讨论。下一学年开始前我们要做很多事，我们要赶快行动起来才行。"

专门召开一场员工会议是莎伦在白板上标上第一的事情。

"你想什么时候召开会议？"玛莎问道。

"今天！就现在！马上！"莎伦激动地大声说。"没时间可以浪费！"

"我要去收一下邮件。"玛莎说道，同时向门口走去。"我的电话你随便用。几分钟后我会回来结束这次谈话。"玛莎边说边往外走，而莎伦一把拿起电话，开始安排会议进程。

玛莎回来后就坐在桌子的一端，直视莎伦的眼睛。"你怎么看我们谈话过程中在这里发生的事情？"

"我觉得自己刚走进来的时候相当难过，"莎伦沉思着答道，"我感觉好像有一面墙正在靠过来要把我围住。你让我看到了自己做错的地方，还有我怎样做才能充分利用这件事情。啊哈！我已经把会议搞起来了！"

"太好了，"玛莎微笑着说，"但我要对你说明一些事情，也就是让你走出灾难模式、转入行动模式的方法。记不记得我大喊了一声'停！'？"

"对……对，我记得。"

"我这么做是有原因的。你把这次投票结果想得太过严重。这对谁都没好处。我想让你回到正轨，所以我打断了你的想法。"

"这确实管用！你简直把我吓死了！"

"然后让你去向自己证明，你根据非常有限的信息过早地得出了很多有害的、没有根据的结论。这些结论的依据是你自己的想象，而且我还要说，那都是些不好的想象，而不是根据你所知道的事实得来的。"

"是的，而你的一套方法让整件事变得容易得多。这个办法把事情看得很清楚！"

"没错。你有没有发现，真的没有证据表明你一开始所说的彻底完蛋和崩溃是

第 7 章
提高他人的逆商和攀登能力

对的？"玛莎继续讲解道，"而且，一开始你把投票结果归咎于立法者和大众。问题是，全怪他们的话，你就没机会从自己的不作为中吸取教训，那么，下一次再遇到挑战——肯定会遇到的——你这个领导者可能就更加没用了。"

"可能早发现比晚发现好！"莎伦表示认同。

"正是！所以，虽然这次投票结果不是你造成的，但你意识到自己原本可以做些什么来防止这件事的发生。"

"我不想做个受害者，我想参与进去，"莎伦补充道，"我觉得我低估了自己对于这件事的掌控力，把权力都交给了立法者。"

"非常好，"玛莎认可了莎伦的看法，并表扬她的坦诚，以及她能从自己的行为中吸取教训。

"最后，"玛莎说，"我要问几个问题。"

"快说。"

"你刚走进来的时候心情怎么样？"

"哦，相当糟糕。绝望，就好像别人掌控了我的命运。我觉得有点无奈，做不了很多事。我真的是一片混乱。"

"那你觉得那样的心理状态可能会对你的领导力造成什么影响？"

"嗯……真的可能会领导无方，"莎伦表示认同，"我很可能会让整个团队情绪低落。他们可能会好几个月都垂头丧气的！"

"对的，那你现在感觉怎么样？"

莎伦微笑着停顿了一下，然后又严肃起来，说道："我觉得自己很强大。我觉得好像自己准备好了去战斗，而不是要崩溃。我也迫切地想行动起来。我迫不及待地想去筹备这次会议了！"

"很好，"玛莎表示肯定，"那这些感受会如何影响你的领导力呢？"

"噢，毫无疑问，我能帮助他人应对这次挑战。让他们不要像往常那样老提负面的东西，还发牢骚。我觉得自己可以鼓动大家去采取行动。"莎伦得出结论，同时果断地把眉上的头发撩开。

用 LEAD 工具引导你的孩子学会担当

LEAD 工具特别有助于培养儿童的担当力。很多人觉得教养青春期的孩子是一项艰巨的任务。我和妻子朗达却觉得这件事会不断给我们带来欢笑，不断让我们学到新的东西。有一天，我儿子蔡斯收到了学习能力测验（SAT）的成绩单。他拿着这封可怕的信封，脸色很不好看，就好像他已经知道了里面写着什么。

与很多父母一样，我和朗达也总是对儿子们说，我们认为教育的意义在于强化他们的知识，让他们在生活中能有更多的选择，以及促进他们这一辈子做出更多的贡献。我们也认为，用能力测试来评估一个孩子在生活中的潜力存在很多问题，这个测试最多也就考察了七种主要智力形式中的两种。我发现逆商是一个很好的成功预测指标。实际上，宾夕法尼亚大学的马丁·塞利格曼博士所做的研究表明，展现积极逆境反应的学生所拥有的能力高于他们的 SAT 成绩和平均绩点（GPA）体现出来的能力，而展现消极反应模式的则达不到这些成绩体现出来的能力。当他们面对期中考试这一难题时，区别就特别明显。能力测试成绩一般但是坚持不懈的学生，会比那些成绩高但逆商低的学生表现更好，几乎都是这样的。其他研究也得出类似的结论。

尽管如此，我们还是对儿子们说，参加能力测试是很重要的，是上大学必须要做的一件事。所以，我们知道儿子将要面对人生中很艰难的一课。虽然我们为他提供了很多资源，也给了他很多鼓励和提醒，让他好好准备 SAT 考试，但他就

第 7 章
提高他人的逆商和攀登能力

是不重视。这是一个很大的错误,蔡斯虽然很聪明,但他是那种需要努力学习才能考好的孩子。但是,在他看来,考试开始前一年左右大概看几套样题就已经足够了。

他的决定性时刻就是打开信封看到自己考得有多差的时候。但最有意思的是他的反应。青春期孩子最可笑的就是他们想用各种创意的办法来影响父母的想法。在儿子看来,如果他能让我们为他感到难过,就好像这个成绩会反映出他是个愚蠢的人一样,那么他就可能获得同情,而不用去面对残酷的现实,因自己不好好学习而导致未来的选择变得很有限。

他的第一个策略是表示困惑。"我不明白,"说这话时,他幼稚的脸上确确实实写着失落,"我不明白这些是什么意思。"

于是,我们继续说道:"这个表格是什么意思?这些小的数字表明了什么?"我带着同样的天真问道。

于是,他继续采用这个策略,好像他的整个大脑额叶刚丢失了一样。"哎呀!我不知道!我真的不明白!"我们边等着他接下来的反应,边观察他。"我觉得这说明我考了这些分数。我不是很确定。"他满心期待地看着我们。于是我们继续玩下去,看着他迟迟不肯说出既定的事实。他现在明显有些心虚地直冒汗。

渐渐地,蔡斯"意识到"自己拿到的分数和百分比是什么意思。他发现,这些成绩其实很差,而且远低于他的潜力。他对于此次逆境的反应是这样的:"好吧,我记得那天我很累,而且时间不够,没有做完。我敢说,那天考官也是急急忙忙的。所有事情都进行得太快了。我没办法做完。而且,对于这种有时间限制的考试,我就是考不好。"要是他在一年前的 PSAT 考试(SAT 预考)中没有考出几近翻倍的分数,那么他的这些借口还稍微顺耳一点。

要是我们就让蔡斯带着这样的反应离开,那么他就会觉得自己在重大考试上永远也考不好,而且他也不能吸取这次的教训来改进以后的表现。我和朗达认为,重要的是蔡斯要从此次逆境中吸取教训，这样他才会改善今后的选择。

与很多孩子一样，蔡斯也要认识到自己对于逆境的发生起了什么作用，也要为自己引发的后果负责。虽然过分自责很危险，但是轻微的自责很有用，否则他也会觉得自己是受害者。倾听了他的反应之后，我们觉得用 LEAD 工具来引导他做出更有担当、有能力的反应。

"蔡斯，你考得不好就怪时间不够、怪考官、怪考试，"我说道，"你觉得你自己可能做了什么才导致这次考不好的？"

他看着我们，又开始疯狂地回避自己的问题。"呃，我，呃，你知道的，我尽力了！"

"是吗？"

"当然。"

"那么，你觉得自己为什么能在 PSAT 考试中考出翻倍的成绩？这两个考试基本上是一样的。"

蔡斯低下了头，说道："我觉得，呃……我觉得那一次我学习更努力一点。"

"那么努力学习是有用的？"

"对，肯定有用。但我去年夏天努力学习了！"他再次竭力逃避现实。

"要是你更努力一点，你觉得这次会考得更好吗？"

蔡斯微笑起来。他知道自己被抓了现行。"对，我想是这样的。那我就不会考成这样了。"

现在就该来探究担当了。

"那你觉得这些成绩会带来什么后果？会造成什么影响？"

蔡斯认真思考起来，笑容没了。"我觉得这会让我更难申请到一些大学。"我觉得他的诚实很感人。

"很难，对不对？"朗达语带同情地问道。

蔡斯的眼睛稍微湿润了一下："是的，很难。"

"你觉得这些成绩还会带来什么后果？"

"哎，我觉得这会影响我申请其他的学校和工作。"更痛苦的坦白、更多的眼泪。这样孩子就可以从懊悔中吸取教训。

"这些事情对你来说有多重要呢，蔡斯？"我问道。他已然知道了答案："非常重要。不上大学的话好像做什么都特别难，工作也特别难找。"

"那么，要是这些后果出现的话，谁该负责？"我想让他明白要先弄清责任再采取行动。

蔡斯抬起头，知道我要说中他的伤心事，所以很难过。我们说得很透彻了。伤害也很彻底。

于是我简要地分析证据，准备好要采取行动了。"嘿，小子，"我开始说道，"你刚才说自己不擅长这些考试。真的有证据表明你一定会考砸吗？还是说只是很难而已？"

蔡斯再次有些错愕："我觉得只是因为这些考试对我来讲太难了。赖安把每个部分都做完了，但我连一个部分都没做完！"

"所以你觉得自己要比小伙伴更努力才能考得好吗？"

"对的，没错。但这不公平！"

"好吧，但你在哪些事情上做得比赖安好呢？"

蔡斯挺直身子。"当然了！我在音乐上比他强多了。而且我可以让人们开怀大笑。赖安努力想要做到，但做得没那么好。"这样我们就解决了关于"公平"的问题。

"现在有什么证据表明你在这类考试上一定会考砸或者发挥不出自身水平吗？"

"呃，没有，不见得有。这基本上要看我自己。"蔡斯非常轻松地转到了"做点什么"上。

"那么，你可以做些什么来把这些分数造成的负面影响降到最低呢？"我指着那张可怕的成绩单问道。

"很多事情。"我就是喜欢这种有动力的感觉。"我可以加倍努力。"蔡斯承认道，并对自己的错误一笑置之。"而且我可以多练习，让自己习惯考试的时间安排，这样我就不会这么害怕了。"他继续说道。

我们的谈话就这样一直往下进行着。蔡斯列出了几个他可以采取的措施，包括好好利用我们给他准备的单词卡、软件、书籍和模拟试题。他还决定找个时间再考一次。他会先做模拟试题，这样就能看出有多少进步，并能保持积极性。

蔡斯并不觉得是我在用什么油滑的技巧或妙招来左右他的想法。我是通过对话来引导他的，就像用尺子来画直线一样，让他把可能会削弱自身力量的想象，与令人沮丧却已然确定的事实区别开来。蔡斯并没有让我们的谈话就变成我一个劲地激励，而我也并没有告诉他该做什么。我只是问问题，让他在关键的时刻反思自己的做法。

若没有 LEAD 工具，那蔡斯可能仍旧认为自己的命运已经定了，根本就不敢想再去考一次。他的自尊、他的前进动力和他的信心都会受到打击。利用 LEAD 工具，蔡斯做出了理智的决定，决定要去采取行动，这样就能体会到真正的被赋能。这有助他从暂时的失败中恢复过来。他学会了一种避开逆境中常见陷阱的技巧，并带着刚确立的纪律和责任全身心投入学习，为下一场 SAT 考试做准备。

用 LEAD 工具引导他人的潜在益处

LEAD 工具对于引导者和被引导者都是有好处的。在引导萨曼莎摆脱绝望情绪的过程中，我作为引导者也在几个方面有所获益。首先，我对萨曼莎及其处境产生了积极的、有意义的、持久的影响，我享受了这一过程带来的满满的成就感。我让我们之间的互动变得不只是包扎伤口那么简单。我给她的内心止血，让她开始好起来。我可能对萨曼莎、对她的孩子们以及对她的健康产生了深刻的影响！我知道她的免疫功能很可能会好起来，她的睡眠质量和胃口也会好起来，而且她会日益想要采取行动而不是胡思乱想。

虽然应对逆境的习惯模式是大脑活动，但通过对她进行引导，我帮助她治愈了自己的心灵。掌控感、精力、希望和被赋能的感觉非常有利于增强内在生命力，而内在生命力被增强之后也会带来这些东西。高逆商可以把因无助感而毁掉的东西重建起来。

玛莎对莎伦进行引导，自己也有所获益。玛莎让莎伦明白，要解决问题和采取行动归根到底还是要靠她自己。玛莎看到莎伦解决了自身的问题，会感到非常满足，知道她下次再遇到这样的情况会变得更坚强。

通过对蔡斯进行引导，我和朗达让他清楚认识到，"把自己作为某一永久性特质（如愚蠢）的受害者"与"把挫折认作暂时的并负责想办法改善局面"这两者之间的区别。攀登者习惯于充分利用不利形势，要做到这一点，他们不是漠然地接受命运安排，而是在任何可能的情况下都积极而执着地改变形势。对攀登者来说，长时间的无助感是不可取的。

对蔡斯进行引导时，让我觉得最有满足感的一点或许就是看到他幡然醒悟，看见他开始对自己行为产生的后果负责，并觉得自己有责任再次去报考、交钱、努力备考。他的担当激发出前所未见的纪律性和使命感。

在引导萨曼莎、莎伦和蔡斯的过程中，玛莎、朗达和我也留下了积极的影响。中国有句老话——"授人以鱼不如授人以渔"，也就是说，我们教会了自己的朋友、同事和孩子如何捕鱼，而不是为了省事就直接把吃的拿到他们面前。如此一来，以后他们感到失落或情绪空虚的时候就能自己去解决。

在萨曼莎的例子中，我也知道，我适时介入，于是她更有可能会把这些技巧教给她的孩子，帮助他们抵御逆境。这样一来，无论发生什么，他们在生活中也都能向前进、向上走。我觉得拥有高逆商就像是身处高纬度环境中，这不同于高原反应，而是你爬到越高的位置，就会变得越强壮，而不是变得更虚弱。

从更广泛的意义上来讲，当你用 LEAD 工具来帮助他人应对逆境的时候，也会在其他方面有所获益。你帮助了自己所关心的人，就是将长久的爱和同情心赠予他们。

身为管理者或领导者，你要将攀登者的本能植入团队的大脑和内心。你要开始打造攀登者文化，在这里，自我更新、坚持不懈、敢于冒险、拥抱变革和不断进步的精神能得到培养和提倡。试想一下，若你引导的是一支充满活力的登山队，而不是只求安逸的扎营小组，也不是一群了无兴趣、愤世嫉俗、耗尽精力的放弃者，那该多高兴啊！

作为家长和朋友，你帮助身边的人增强活力、恢复精神。你给所爱的人提供了重要的工具，让他们能够克服生活中的困难，并且目标明确、充满热情地生活。试想一下，在别的孩子放弃或逃避的挑战面前，你的孩子的本能反应是变得坚强且富有创意。你的孩子会习得一种全新的自尊，这是基于克服一个个挑战而累积起来的真正的奖励和证明。你还能给他比这更棒的礼物吗？

这些好处也能大大改善你所在的社区和志愿者组织。能够设法挺过各种困难，这对于个人很重要，对于社区、文化、组织和团队同样重要。我相信你马上能想象出"找办法解决问题的组织"和"找理由说明解决不了问题的组织"之间的区别——前者重视并鼓励不断地向前走、向上冲,而后者则是逃避甚至是撤退。

在引导萨曼莎、莎伦和蔡斯的过程中,玛莎、朗达和我在实践中学习,这也给我们带来了好处。或许你上小学的时候遇到过这样的情况:坐在你后面的一个同学探过身子来对你说:"喂,你会做这道题吗?"你虽然不是很懂,但可能会说:"呃,当然,我会。"你想表现一番,然后这个孩子抛出了难题,"你能告诉我怎么做吗?"你可能会尽力去讲解,刚开始有些卡壳。你说得越多,你自己就理解得越清楚!不久之后,你就迫不及待地想去教另一个探过身子来向你请教的孩子。你在展示和讲解中也学到了东西。

你用 LEAD 工具来引导他人的时候也会出现这样的情况。你用得越多,就用得越好,不仅是引导他人时如此,用在自己身上也同样如此。

被引导的人也会获益。首先,她会立刻觉得很轻松,因为有一束阳光照进了她的床底,证明那里没有怪兽潜伏在暗处。她意识到,没有任何证据说明她最糟糕的恐惧和结论是对的。

这一发现让她有了认知上的安全网,下次如果她还是按照老思路瞎想的话,就会马上抓住并阻止她。就像立起"道路封闭"的牌子,防止人们走向一条布满危险凹坑和弯道的路。萨曼莎、莎伦和蔡斯现在都能够阻止自己走向神经通路中的那条危险岔道。

当萨曼莎对自己婚姻的结果有所担当的时候,她就产生了一种强烈的责任感。这样一来,她就要求自己必须去采取行动、修复伤害。这也帮她唤醒了自己蕴藏着的力量,来完成剩下的难事,让她的生活回到正轨。莎伦承担起了身为领导者的责任,而不是做个受害者,于是也同样有所收获。

在这三个例子中,被引导的人还找回了重要的判断力,不仅是对于自身处境的判断,还是对于真正重要之事的判断。萨曼莎果断地打电话给孩子们并和他们见面，这样就完成了她觉得最重要的事。莎伦的做法是开始筹备会议，而蔡斯则是决定再考一次 SAT。结果，每个人都立马有所察觉，即使不是穿越逆境后的光亮，至少也察觉到了积极的动力。

能够挺过逆境才能真正地建立和保持动力。你所引导的人，无论他们是家长、朋友、管理者，还是真正的领导者，都会知道如何打断自己破坏性的模式，并带着刚被发现的决心来应对生活的挑战。

通过问几个基本的问题，你就能迅速地根据当前的对象和情况来调整自己的方法。久而久之，LEAD 工具就会变得像询问某人的日常生活一样自然。你一旦体会到这个工具的效率和效用，就再也离不开它了。

关于这个方法，它有一个特别吸引人、特别重要又特别影响深远的应用点，就是它不仅能改变个人，也能改变整个组织。我们将在第 8 章中探究推动组织行为的一些较为深刻的问题和相互依存的系统。你从中会发现一些强大的工具，可以用于打造能够攀越所有难题的高逆商组织。

ADVERSITY QUOTIENT
TURNING OBSTACLES
INTO
OPPORTUNITIES

第 8 章

高逆商组织：打造攀登者文化

> 人为所当为，不论个人得失，也不管有多少困难、危险和压力，这是人类道德的基础。
>
> 约翰·肯尼迪（John Kennedy）

在以往的公司野餐中，阿尔往往都会很开心，但这次，当他在公园里转悠着和同事们握手并与他们的朋友和家人寒暄的时候，阿尔却不禁感到不适。"哎呀，阿尔，这应该是件高兴的事。"他对自己说道，与此同时，他看着 Infocom 公司[①]区域技术支持部门的 230 多名员工，而他是这个部门的副总裁。

[①] 虽然这个故事是以真实的人物和事件为原型，但是 Infocom 是个虚构的公司名称，用在此处只是为了阐明观点，并非影射名字相似的公司。

"好吧，起码他们看起来很快乐。"他边说边看着在公司激烈的排球决赛场上，员工们为两大强队加油助威时脸上所洋溢出来的无忧无虑，令人心烦。他们在争抢众人垂涎的橡胶玩具惨叫鸡。这是一个很搞笑的传统，是源于两个技术支持团队之间的比拼，他们比的是哪一队更会用惨叫鸡来逗乐。比拼渐渐结束，而惨叫鸡此时被帅气地戴上奥克利墨镜、穿着麦西梦冲浪短裤，变成了非官方的吉祥物，奖给刚刚取得重大胜利的那一队。

阿尔试着参与进去，随口和善地欢呼几声："嘿，克罗默，用你的手来挡，不是用脸！"他大声叫喊，有几个人大笑起来："嘿，特里，扣死他！"更多的人都笑了起来。

阿尔努力了，但还是无法摆脱不适。那天早些时候，他路过办公室，去拿几样公司聚会要用的东西。他快速浏览了自己的电子邮箱，打开他的朋友马克发来的一封信。马克是一位备受尊敬的工程师，碰巧受雇于 Infocom 公司众多竞争对手中的一家。这封邮件里附带着一篇文章，讲的是解除电信行业管控的法规即将颁布，而这些法规可能会产生什么负面影响。马克像平时那样不动声色地把文章中的一段话标了出来。而正是这段话一直留在阿尔的脑海中，挥之不去。

"这一法规将会重挫整个电信行业，"文章作者是一位知名商业专家，他如此预言道，"旧的规则将会消失，而那些仍按照老规矩办事的公司也会消亡。想要继续生存下去的组织就要在满足客户需求方面比对手更有雄心、更快、更有创意。但现今的领导者正陷入惯常的沾沾自喜的商业步伐，无名之辈们将一跃成为新兴服务的领导者，从而撼动市场。令人讽刺的是，近年来取得最大成功的那些人将要遭遇最大的痛苦。"然后，更为打击的文字来了："看看目前的行业王者 Infocom 公司身上的荣光正在变得暗淡，因为它们很快就会被更加灵活、更关注客户的后起之秀所替代。除非 Infocom 公司能够迅速意识到要进行痛苦而缜密的改造；否则，三年后该公司的股票都还不如印这些股票的纸值钱呢。"

第 8 章
高逆商组织：打造攀登者文化

"还不如印这些股票的纸值钱"——这些字眼印在阿尔的脑海中。他们公司已经失去了荣光吗？公司在按照过时的规则做事而且就快要被更为敏捷的竞争对手逆袭吗？它们注定会成为又一个从成功走向自满的例子，而写进商学院的案例研究里吗？阿尔知道，重大变革即将到来，而一些参与者会输，但他从不认为Infocom公司是哥利亚（Goliath）[①]，会被另一位大卫给杀掉。至少到现在为止还不是。但他摆脱不了这种不安感，总觉得他们会莫名失去优势。这方面的迹象已随处可见。

他想起当初AT&T公司解散，Infocom公司就是在一片混乱中如巨星般冉冉升起的。他深情地回忆起他们是如何打造出几个极受追捧的创意发明，借此颠覆了整个行业，这也让他们变成了华尔街的宠儿。在那些早期岁月，没有什么是公司不会去尝试的。他们怀有企业家精神，而公司的股票价格反映出了他们的这种勇气。"可能是因为我们可失去的东西太少了！"阿尔暗自分析。

并不是说他们的成功没有带来回报。早年间，Infocom公司的办公地点只是一个经过粗略改装的仓库，所有的技术、销售、运营和客服人员都挤在这个屋子里办公。屋内装饰简陋，摆着用过的家具、不成套的椅子，还有凑合着乱搭起来的电线，连接着电话和电脑。

阿尔和其他的"背叛者"（曾是Infocom公司的创始成员）深情地把这第一栋楼称为"老仓库"。他们对新员工讲述自己在寒冷的早上，在没有保温隔热材料和毛毯的情况下，是如何用小型取暖器取暖的。

在很长的一段时间里，他们没有收益、没有福利待遇、没有保障，除了一张旧桌子、一部电话、一张名片和无穷无尽的机会之外什么都没有。但阿尔还记得那个地方所拥有的活力，仿佛就在昨日。那种活力非常明显而且令人振奋。当时

[①] 《圣经》中被大卫杀死的巨人。——译者注

有一种踏上历史征程的感觉。团队能聚到一起是源于一种强烈的使命感，就是想要以大众负担得起的价格为全美国的每一个人提供长途通信服务。他们成了该行业的好人。正是这个强大的目标激励大家一直干下去，努力工作、尽情玩乐。他们保持着高度的警觉性，为每天都会进行的冒险活动时刻准备着。整个公司都是那么地生机勃勃！

阿尔思索着，现在的Infocom公司与"老仓库"时期相比已有了长足的进步。难以相信，他们在十几年的时间里，从几个人的团队发展成了一家全球员工超50 000的公司。和以前不同，现在Infocom公司的每个人都享受着优厚的福利和薪酬待遇，受到同行的艳羡。老仓库已被面积更大的楼房所取代。如今Infocom公司的名字在更为宏伟的摩天大楼顶上闪现着，在洛杉矶的市中心，坐落着装饰精美的公司总部，里面摆满了雅致的艺术品和舒适的成套椅子。

阿尔承认，大家似乎都把更多的精力花在内部会议上，而不是花在客户身上；在努力追赶竞争对手，而不是大胆地引领行业发展。自从他们开始进行调整，Infocom公司的人就越来越关心如何进行自保。很多人根本都不试着去竞争，更别说要做到最好了。

即使在颠峰时期，他们那充满善意的目标也已被市场份额和利润空间这样的话题所取代。没有人再提到这个目标。阿尔想问，他们的心里除了利润还有这个目标吗？

他想起前一天在公司自助餐厅的取餐区偶然听到的话："那么，你为什么会选择Infocom公司？"一名销售人员在问另一个人，阿尔猜他是新招进来的一名技术人员。

"因为，必须得承认，这是一个很棒的地方，"这个衣着光鲜的年轻姑娘满腔热情地回答道，"这里的人特别好，而且很明显你们过得很开心。而且，这里不会……呃，太紧张。你懂我的意思吗？"

第 8 章

高逆商组织：打造攀登者文化

她说得没错。我们并没有"呃，太紧张"。阿尔意识到了这一点。还有多少人是像她这样想的？他想问，谁是因为我们这群人很好、有趣、不太紧张而选择来这里的？真是讽刺啊！他暗想。当初就是紧张感让我们来到这里。对于我们目标的紧张感。现在我们仅仅就是一个"很棒的地方"。

阿尔突然停止遐思，看着他的小伙伴们（Infocom 公司领导者对团队成员的亲切叫法）开始呼喊起来。"惨叫鸡，惨叫鸡，惨叫鸡！"准备把这个人人都想要的奖品交给获胜的队伍。阿尔悲哀地发现，已经很长时间没有在工作中看到团队的这种紧张感了。他想起那个新招进来的年轻人，心想："可能我们还不够紧张！"他思索着 Infocom 公司可以做些什么，来找回企业家精神、保持竞争力，并让工作场所重燃激情、创造性和使命感。

运用逆商的好时机

以下这几个因素让阿尔和 Infocom 公司迎来了学习和应用逆商的绝佳时机。这些因素包括：

- 生存受到威胁；
- 需要提高期望、绩效和生产力；
- 需要重燃使命感；
- 竞争加剧；
- 普遍存在的自满；
- 需要更多的创造力和创新；
- 扎营者心态日益滋长；
- 未开发的潜能很多；
- 不够坚韧；
- 面临着更大的逆境；
- 要用较少的投入做更多的事。

很多公司和你们一样，也会遭遇这些挑战，面临着新的威胁、竞争和逆境。就像 Infocom 公司一样，大多数企业的存亡取决于它们能否承受和克服持续不断且日益加剧的困境。而这些困境大多源于持续的变革。

逆商和变革

图 8-1 描绘了经典的变革曲线。这一曲线呈现了变革的三个阶段。

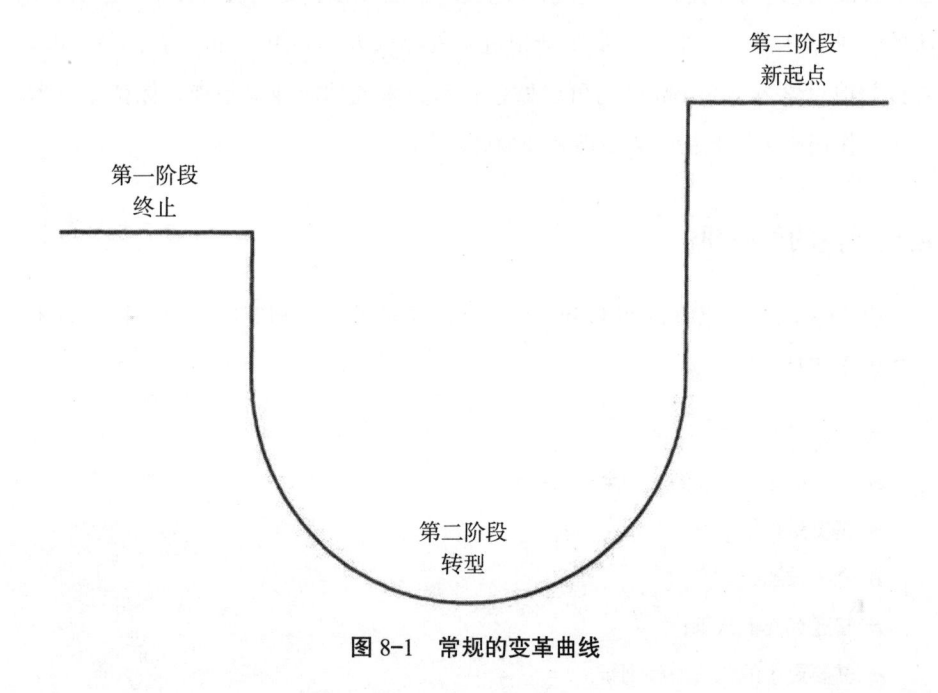

图 8-1　常规的变革曲线

第一阶段是终止，就是你不再做自己所熟悉的事情。这对于一些人来说会有困难，具体要看变革的强度。规模较大的变革就会让"终止"变得比较难。

第二阶段是转型，就是从老路子转到新方法上。这一步既麻烦又费钱，常常会让部分变革受挫。正是在转型阶段，人们常会丧失希望和干劲，不再相信变革会成功，是值得做的。

度过转型期就像扬帆渡海。克里斯托弗·哥伦布当年的航海之旅航行了很久都还没有到达新世界,船员疲惫不堪,不太确定他们的方向是否是对的,其中有可能会发生叛变。哥伦布很幸运,因为不久之后船上就有人看到了陆地。

同样,人们往往在变革即将成功的时候会打算放弃。"再乐观地坚持一下"是成功度过变革转型期的决定性因素。

第三阶段是新起点。对于有幸走到另一侧的人来说,这个阶段就要采用新的行为方式、系统、策略和方法,也就是能把事情做成的办法。转型阶段的长度和深度,以及企业走到另一侧后能达到的高度,决定了人们对于目前和将来的变革抱有多大的热情。要是这个阶段需要经过炼狱,或是这个阶段与之前的状态相比没有明显的改善(提高),那么人们又会开始极力阻碍变革。

变革和竞争优势

变革本身不再能带来竞争优势。真正的竞争优势取决于组织变革的速度、广度和方向。能否加快变革周期完全要看参与者的意愿。要是人们不赞同,那即使做更多的宣讲、开更多的会,都无法改变任何东西。

而逆商对于加速和强化变革起着决定性作用。图8-2展现了打造高逆商的攀登者文化所带来的两个好处。

第一,高逆商组织可大大降低转型阶段的深度和广度。这会减少变革给个人带来的痛苦,也会缩短到达另一侧所需要的时间。这就像是克里斯托弗·哥伦布乘水翼船渡过大西洋一样。按照这样的速度,士气和持久性就不太成问题了。

第二,高逆商组织可以提高自己抵达新起点阶段时所处的位置。那些认为变革是可行的并且是可受自己影响的人,在这个过程中将会投入更多、更为持久的精力,从而提升了变革成功的概率。高逆商的人自发自动地认为转型阶段会过去,而且不一定会毁了一切,这也会让他们时刻充满热情、精力十足。

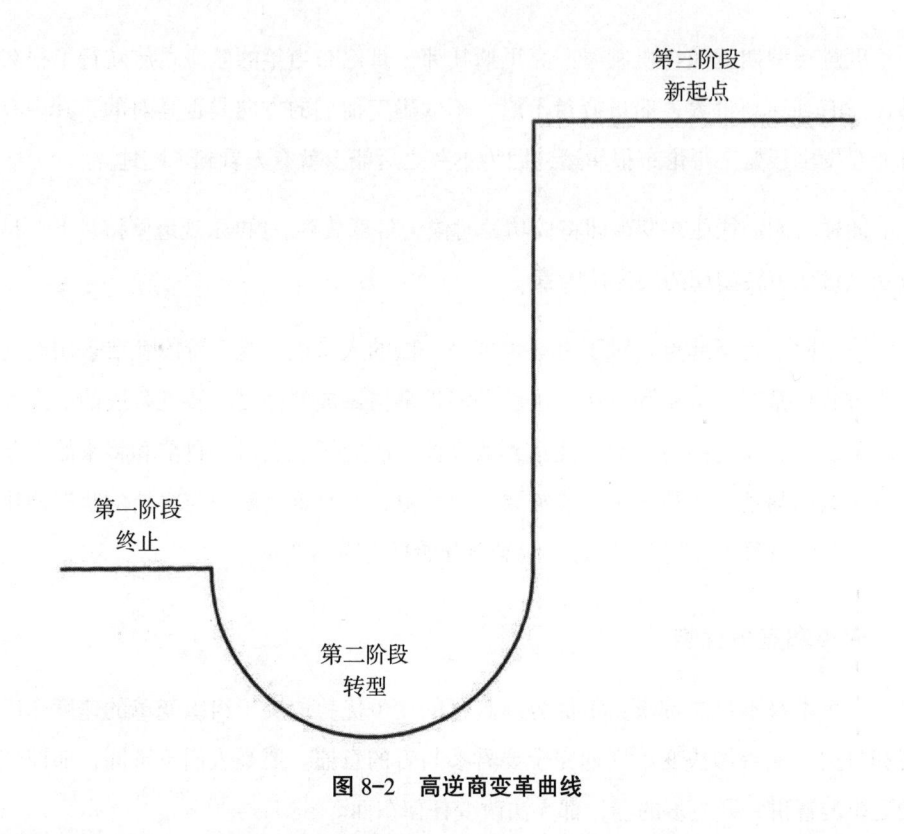

```
          第三阶段
          新起点




第一阶段
  终止

          第二阶段
           转型
```

图 8-2　高逆商变革曲线

简单来说，高逆商的人更有可能拥抱变革、推动变革和挺过变革的难关。以高逆商的方式应对变革，能创造出必要的动力和韧性，让组织能够成功航行于持续不断的变革中。

消除转型阶段

很多咨询师花了相当多的时间来塑造转型阶段的恐怖形象。这个阶段虽然可能会很痛苦，但不一定非得如此。我的经验是，高逆商团队的协同作用可以让它们直接从终止阶段跳到新起点阶段，完成小规模或中等规模的变革。这个团队的活力、意愿和毅力加在一起，基本上可以消除转型阶段。

应对变革只是你身为领导者要面对的诸多挑战之一，而逆商可以对此产生积

第 8 章
高逆商组织：打造攀登者文化

极的影响。

领导者面临的挑战

不管你的职位、地位、教育水平或工作年限是怎么样的，我将你视作领导者，是因为你拥有能力激励他人朝着双方都满意的彼岸前进。也就是说，当你对人们的生活产生积极作用，或是对你所在组织的成功产生影响的时候，你就是个领导者。

如今，你身为领导者，也跟阿尔一样面临以下这些问题：

- 如何在动荡时期保持竞争力？
- 如何构建一个有吸引力的未来愿景并坚持下去？
- 如何迅速从流程改造、人员精简和架构重组中恢复过来？
- 如何赢回团队的心和智慧？
- 如何调整组织的系统和流程，从而提升积极性、增强企业家精神、促进增长？
- 如何腾出更多空间让创造力得以蓬勃发展？
- 如何减少变革带来的代价昂贵的负面影响？
- 如何让更多的人马上拥抱变革？
- 如何鼓励大家挺过变革，坚持到最后？
- 如何创建一种文化抗逆性，从而能让员工能顺利挺过接连不断的变革，继续攀登？
- 如何帮助组织保持优势和健康的紧张感？
- 当周围都是扎营者的时候，你该如何打造出攀登者文化？
- 如何避免骄傲自满？
- 如何避免成为自身成就的受害者？
- 如何重新点燃攀登之旅？

在本书余下的篇幅中，我们不可能把这些复杂问题的方方面面都谈到。但是我们可以探究逆商对于回答这些问题以及组织持续成功所产生的巨大作用。

组织的逆商

你可以测量个人的逆商，也可以测量组织的逆商。在我与各种组织的接触过程中，我通过以下方面来分析逆商：

- 领导者的措辞；
- 经历挫折或变革后的行为和措辞；
- 该组织怎样谈论当前的挑战和未来的发展；
- 该组织采用的系统和方法奖励并支持怎样的行为；
- 目标、流程、系统和行为的一致程度（是否言行一致）；
- 人们如何形容所在的组织；
- 应对挫折的历史、故事和传说、英雄和反面人物；
- 有影响力的领导者的逆商（与身处类似职位和行业的人进行比较）；
- 关键团队或其他关键人物的逆商。

我利用以下各种资源来进行分析，其中包括：

- 书面文件；
- 会议录像和实时会议；
- 小组访谈和个人访谈；
- 完整版的逆商测评（领导者、团队和关键人物得到的分数）；
- 通过逆商培训项目来教授必要的语言和工具，帮助组织有效地进行自评和提升。

简单来讲，我全面检视了企业文化，评估了逆商以及该组织如何抵御逆境。但是，不同于传统的企业文化检视，这项分析给出了以下几个不同寻常且极有价值的信息：

- 该组织对于重大变革准备得有多充分？

第 8 章

高逆商组织：打造攀登者文化

- 负面影响可能会有多严重、会造成多大损失？
- 人们的恢复速度如何？
- 与其他尝试类似变革的组织相比，该组织的表现如何？
- 该组织的 CORE 概况是怎样的？这意味着什么？
- 领导者能够如何调整自己的策略和语言以提升变革的有效性？
- 该组织如何因自己的逆商而变强或变弱（从士气、精力、韧性、绩效等方面来看）？
- 使内部达成一致的最佳时机是何时？
- 该组织对于自身发展准备得有多充分？
- 该组织在多大程度上适合攀登？

通过逆商检视你的组织，可以让你对其应对逆境的准备度和能力都有很多洞察。在这个过程中，你可以更好地利用自己所拥有的宝贵资源，其中包括时间、金钱、经历和信心。在对组织进行调整、为未来发展做准备的过程中，这是一项低成本的投资。

一旦你掌握了这个信息，就可以采取很多措施来提升组织逆商。本章将会列出一个详细的清单，包含 44 项具体措施，可用来提升组织的逆商，增强组织和个人对于竞争、不确定性和变革这些难题的抵抗力。

领导者们通常会发现，仅仅考虑到组织逆商就会很有启发，更不要说是提高逆商了。当你开始这样做就会发现，正如以上问题所表明的那样，逆商对于组织成功有很多重要的作用。

盘点

暂时停下来对你所在组织的逆商随机做个盘点。有很多地方可以让你挖掘出重要信息。我们不妨从以下几个地方着手：

- 测量逆商；

- 问问"老前辈";
- 看看备忘录、企业报告、文件、方针政策手册等;
- 问问同事;
- 查看公司的影像资料、新闻通讯、年度报告等;
- 问问顾客;
- 观摩会议和活动;
- 察看组织调研的结果;
- 看看邮件和公告板;
- 与领导者交谈;
- 问问新员工观察到了什么;
- 听听员工在饮水机旁、复印机旁和午餐室里都会闲聊什么;
- 特别要注意看正式的规则是怎么写出来的。

我发现,将我所发现的情况写进逆商日志里是很有价值的一件事。

挖掘组织的 CORE 信息

尽管通过观察语言和行为并不能像完整版的逆商测评测得那么准确,但也能揭示出很多关于团队和组织的逆商信息。不妨倾听一下你的组织的 CORE。

- 言语是否暗示出了掌控感和担当力吗?或者从中是否可以看出逆境影响深远、持续很久且不受控制?
- 上一次人们面对变革、新方案或挑战时是怎么做的?
- 你的组织如何描述这件事?
- 人们对于以往的挑战是怎么说的?
- 领导者在面对挑战时会说什么?
- 团队成员无法按时完成任务、应对重大变革或是应对重要要求时做了什么、说了什么?
- 该组织的企业文化是什么?

- 你和团队成员在面对似乎无法攻克的挑战时会按照什么传统或习惯行事？
- 对于哪些逆境反应可接受、哪些不可接受，有没有什么官方或非官方的规定？

弄清规则的一个好办法就是去观察人们的行为，然后问问那个人为什么要做那件事。不停地问为什么，要层层深入地去问每一个问题，直到探究到真相——那个深层次的、通常未说出来的行为准则。这些准则或规范会对组织行为产生重大的影响。

关于组织文化的这些重要内容会大大影响员工的行为以及他们应对逆境的方式。这些内容能说明你的组织更有可能做什么，是放弃、扎营还是攀登。

如何处理这些信息

当你收集到关于组织的数据之后，就会更了解人们是怎么做的以及为什么要这么做。如果想要满足各种需求并取得长足进步，那这就是个很有意义的起点。你需要做的事情包括：

- 给员工讲授关于逆商和攀登的相关知识；
- 准备好去构建和保持目标、愿景以及价值观；
- 用逆商进行领导力培训或教练，以调整组织的规范、语言和习惯；
- 调整并强化招聘过程，选拔出攀登者；
- 重新点燃人们的工作热情；
- 把这些信息纳入一个全面的变革管理项目；
- 以此作为绩效管理项目的基准线；
- 以此作为团队建设工具，用以增强团队逆商；
- 以此作为企业文化变革的框架；
- 审视多元化的问题，以及权力和控制之间的平衡；
- 让组织内的各位高层（根据开放程度而定）由此展开有意义的对话；
- 以此作为起点，努力打造出一个高逆商的、适应变革的组织。

ADVERSITY QUOTIENT
TURNING OBSTACLES
INTO
OPPORTUNITIES

逆商
我们该如何应对坏事件

你很快就可以熟练地识别出组织各方面的高逆商迹象和低逆商迹象。所有的方法、文件、系统、流程、演讲、会议和交流都会透露出有用的信息。我频繁地在客户的公司里发现了这些迹象。

Adversity Quotient

多年来，六大会计师事务所之一的德勤会计师事务所都在用一种特别严格的方法来决定把公司里的哪个人升为合伙人。一开始的提名、申请和面试环节结束后，进入最后筛选阶段的候选人会受邀参加一个遴选会。在那里，他们将受到严格考核和全面评估，看看他们是否能够胜任合伙人的角色。在这些有抱负的人中，有的够格，有的不够格。他们所承受的压力是显而易见的。

很多候选人觉得这个会议无异于新兵集训。他们感觉时刻都被枪指着。遴选委员会看他们怎么吃饭、讲话、展示、采访以及进行团队合作。

合伙人候选者分为6~8人一组。团队成员为了完成项目要通宵制定策略、收集数据、准备视觉辅助资料并撰写总结报告。他们要快速、详细、专业地回答关于客户需求的假设问题。在整个过程中，有些人觉得挫败、愤怒、痛苦并且沉默寡言。另一些人则带着更大的决心和专注度直面挑战。他们接受的最终考验就是把成果展示给扮演客户角色的遴选委员会。

在第二个不眠之夜，还有两个小时就要展示成果。这时候，遴选委员会中的一位合伙人走进其中一个队所在的房间，他们正热火朝天地为成果展示做最后润色。他宣布了一个新消息，若大家相信是真的，那么这个消息会让这个团队到目前为止所做的事情都变得一无是处。然后他坐回去，观察众人的反应。

有一个候选人立马失去理智。"噢，天啊！我们完了！我们肯定不能按时完成，我们所做的一切都没用了。他们简直就是在毁了我们的整个职业生涯！"

将事件灾难化是会传染的，于是另一个候选人加入进来，同时厌恶地扔掉铅笔:"我真不敢相信。我们全搞砸了。难道你们还不明白吗?我们早该知道这个消息的,但我们却不知道,所以现在我们没救了。"

眼看着反应就要失控的时候,布鲁斯·汤普森(化名)站了起来:"稍安勿躁。就在几秒钟前,我们还对我们的成果展示感到非常满意。我觉得我们做得很好!要是他们只是吓吓我们,就想看看我们会做什么呢?要是我们慌了,那你们就说对了,我们是会完蛋的。要是我们不慌,我们就可以做些小调整,把这次展示敲定下来。我是说,我们要坚守阵地,让他们看看我们做出了什么。"

布鲁斯所在的团队没有意识到他们正和其他人接受着同样的考验。整个团队团结在布鲁斯的麾下,冲破了逆境。其他团队则没有那么成功。有个团队彻底自毁。他们虽然天资聪颖、经验丰富,但却无法克服面前的困难。布鲁斯和多名队友都晋升为合伙人,那些逆商低的人则落败了。其中就有那位惊慌失措的候选人。遴选委员会是在考察他们认为合伙人应具备的一项最基本技能——应对逆境和克服逆境的能力。

德勤会计师事务所认识到,只有那些在持续不断的逆境面前仍能坚持不懈、进行创新并始终坚强的人才会获得成功。对于任何渴望在目前这个困难重重的环境中存活下去并蓬勃发展的企业和机构,逆商都会发挥如此重要的作用。

逆商对组织成功所发挥的作用

逆商对团队和组织跟对个人都一样适用。其实,与应用于个人的情况一样,逆商也能决定一个组织抵御逆境和攀越逆境的能力,而且对组织的成功有很大的帮助。在应对变革和创造变革的时候,逆商既会对敏捷度、适应力和毅力产生很大的影响,也会影响组织的学习能力、创造力、生产力、绩效表现、寿命、动力、冒险精神、进步、精力、活力、毅力、健康和成功。

韧性、耐力、毅力

在逆商足够高的组织中，人们最起码能做到快速克服困难。每个新的挑战都会让他们振奋。人们挺过不确定和艰难的时期、拥抱变革并采取必要的冒险措施来推进攀登的进程。面对组织生活中必然存在的挫折和失意，他们会展现出必要的韧性。

我与德勤会计师事务所东欧公司打交道的时候，就亲眼目睹了这个组织的韧性。与美国公司同事的情况不同，东欧公司的员工要面对比其他地方更为艰险的环境，这是他们工作中的一部分。我听着他们如何应对这些逆境。"有些公司搞不定这些，"某办事处的一位合伙人彼特如此说道，"有些公司一有暴力的迹象就会卷铺盖走人。不像我们，我们会长期坚守。如果有人开枪打我们的管理合伙人的话，我们就马上加强安保，但我们不会离开。我们不会离开办公室一天……我们会把事情办好。只要坚持下去就行了。"

那天晚些时候，我测量了所有人的逆商，然后发现这些人的分数一般都比他们美国公司的同事高出近20%，这结果毫不令人意外。他们的工作要求他们坚持下去，而他们的逆商在工作中发挥着重要的作用。

你可能未曾经历过枪弹袭击，但你就没有遇到过重大的逆境吗？这些逆境会引领你去探索逆商是如何增强组织韧性和毅力的。

在逆商培训项目开始前，参与者通常都被要求做一个简短的调查问卷，结果是保密的。这个问卷问他们在工作中遇到什么难题。不管他们来自什么行业，列出的答案基本上是一样的。常见的回答有竞争、持续增长、少花钱多办事、全球化、最近的某些变革方案、业务流程再造、多元化问题、绩效、沟通、不确定性和日益增加的压力。简单来讲就是逆境。你的组织难道不也会遇到很多这样的问

第 8 章
高逆商组织：打造攀登者文化

题吗？

这些问题始终存在，而人们的应对方式决定了组织的韧性、耐力和毅力，最终会决定组织的成功。

创建学习型组织

《第五项修炼》（*The Fifth Discipline*）的作者、学习型组织领域的权威专家彼得·圣吉（Peter Senge）把这类组织定义为"不断拓展自身才能以开创未来的组织"。这个定义指的是，通过学习新知识来获益、成长和进步的能力。很多顶尖的公司在探寻自己的竞争优势时会考虑学习型组织理论并进行实践。

逆商会在两个方面影响你创建学习型组织的能力。

第一，逆商会影响员工的学习能力。卡罗尔·德维克等人证明，在智商相同的情况下，逆商较高的人可能会学到更多。

第二，逆商会提升你挺过转型期的能力。学习型组织这个概念的根本在于要不断进步，也就是提升知识、加速更新、促进坦诚与公开的对话。要做到这些就要能够克服困难、保持信心。

创造力和创新

高逆商组织更有创造力。高逆商组织会明确表示或暗自认为肯定会有办法获得成功，于是在碰壁的时候就会想方设法地用较少的投入做更多的事情。

美国每年的企业蓝筹奖（Blue Chip Enterprise Award）都是颁发给在逆境中蓬勃发展的小企业的。1996年，大型航空公司都在付给旅行社的手续费上设定了限额，让旅行社的日子有些不好过。

据《洛杉矶时报》（*Los Angeles Times*）报道，1996年的蓝筹奖得主——位于加州格伦代尔市附近的蒙特罗斯旅行社（Montrose Travel）——用一种有创意的、高逆商的方式来应对这件事。它们不是老想着即将到来的灾难，而是立即改进针对员工的奖励制度和培训，让他们把精力集中到销售和服务上来，而不是关注行政上的杂事。它们删掉了无利可图的账户、节省了一些开支并加大营销力度，此时，它们的竞争对手才刚刚做出反应。结果就是该公司的营业收入创下了公司历史上的最高纪录。蒙特罗斯旅行社的总裁乔·麦克卢尔（Joe McClure）是这样总结该公司的高逆商反应的：

> 航空公司规定了限额后，很多旅行社都抱有"我太倒霉了"这样的心态。而我们则把这件事看作一个发展机遇。

高逆商公司在逆境中会变得更有创造力，而其他公司只会一味地发牢骚。

组织健康

与个人的情况一样，组织的免疫系统（即经受住挑战又不生病的能力）也会受到逆商的影响。我认为组织健康指的是该组织的功能、流程、系统和人员都能够一直协同工作并且全力以赴。组织是由人组成的协同系统，可以通过培养组织的抗逆性，来应对难题，又不会让组织变得虚弱和脆弱。这不仅适用于企业，也适用于各种机构。

我在北亚利桑那大学负责组织沟通和改革方面的一个新项目期间，亲身体会到了逆商和组织健康之间的关系。当时，全美国范围的裁员大潮最终波及我所在的大学。纳税人觉得项目重复太多而且教职人员冗余，所以没心情再资助。于是，州立法机构大大削减了预算。因此，校长宣布我们要"精简人员"。

一些部门马上就积极地应对这个挑战。他们开始提升并确立所做项目的价值。他们认真研究自己的预算和课程安排，并想出切实可行的精简方案。

然而，我们部门则看到前景黯淡的反应。虽然一些年轻人极力主张去跟校长一起想出创造性的解决办法，但大多数人是立马就说"没有用的。"他们认为，不管大家一起做什么都是没有用的。

教职工都觉得校长已经想好了招来对付他们，于是就隆重地穿着黑色的衣服参加裁员讨论会。他们在靠近前台的地方坐下并陷入沉思。部门会议很快就变成了沉思会，充斥着各种瞎猜——怀疑有间谍、秘密集会和暗地交易。

接下来的几周都在设法节省开支，极力捍卫部门利益。在审查预算和准备成果展示的时候弥漫着"干嘛这么麻烦"或是"他们明显要来搞我们"等负面情绪。

认为这次困境影响深远、无可避免、不受控制而且会持续很久，这样想带来的压力影响着很多人的健康。人们夜不能寐，很多人生病了。在大多数同事的脸上以及在他们的工作中都能看到这个难题产生的影响。旷工现象迅速攀升，关于通过诉讼来阻止裁员的言论也传播得很快。接着便出现了变态的比惨活动：教授们相互说着自己感觉多么糟糕、睡得多么少或是有多么痛苦。整个部门也渐渐"生病"了。

于是，信任感化为泡影，政治联盟建立起来，彼此之间的沟通极为不顺，教学工作被很多人摆在次要位置，而学生（也就是我们服务的对象）成为了真正的受害者。

就我看来，这是一段非常难熬的时期。我承受着极大的压力，被逼着加入不同的派别。他们直接表示，要是我不加入，他们就把我拉黑。我当时还不是终身教授，拉黑就意味着我只能自行了断这份职业。在对高层领导进行无意义指控的那群人中，声音最大的那些人里有很多就是对我的终身教职资格做评估的人。第一个挑战就是让我穿上黑色服装，然后在裁员讨论会上跟那些教职工站在同一阵营。这是我职业上的关键时刻。我有两个年幼的儿子，我的这份事业也才刚开始，我清楚地知道自己的决定会产生什么后果。

召开讨论会的那天早上，我在树林里走了很长时间。在那里，我重新回顾了自己的人生山峰，也就是我的人生使命。我认识到自己的目标是能够积极地、有意义地、长久地帮助学生。所以，凭良心讲，我不能随大流。带着坚定的信念和朗达的支持，我特地与那些穿黑衣服的人分开来坐。他们鼓动我加入进去，但我客气地无视之，于是他们显然就不高兴了。

从那一刻起，我跟这一大部分教职工的关系就不一样了。但我与生活的关系、与我认为最重要之事的关系变得越来越牢固。

我和剩下的一小部分教职员不参与这场争论，而他们正是这个州的几位顶尖教授。我余下的教员生涯就致力于帮助学生度过逆境——这是大学生活中的一项生存技能。

另一边，那大部分的教职员全力以赴，投身他们基本上觉得无望的抗逆之战。一位老前辈在校长办公室里情绪崩溃，简直成了具有象征意义的殉道者，要为受苦受难的教职员献身了。他最后被降职了，薪水少了很多。

虽然本部门呈现出末日景象，也受了很大的苦，但是并没有人被裁掉。尽管如此，低逆商的逆境反应（即认为逆境会让他们马上完蛋，而且是永远完蛋）严重摧毁了部门的效能、生产力和健康。逆境对整个大学都产生了影响。这个组织的免疫系统不够强，承受不住这个逆境。这个部门一直被高层领导说成是"本校的毒瘤"。

我觉得很重要的一点是，这些教职员的低逆商反应让他们遭了殃，好像他们都会失去工作一样，并给他们带来了很大的压力和不确定感。他们所在组织的逆商，让该组织的免疫系统遭的罪基本上跟该部门遭的罪是一样的。然而，这些负面影响都是他们自找的。没有人被裁，但他们的反应所产生的涟漪效应却是巨大的。

绩效和生产力

高逆商组织比逆商较低的组织表现得好，通常是领导者的措辞指引着下面的员工去应对逆境。关于措辞的威力，可能最好的例子就是莉莲·弗农（Lillian

第 8 章
高逆商组织：打造攀登者文化

Vernon）的事迹。她是莉莲·弗农邮购目录公司的创始人。这是一家年产值 2.22 亿美元的企业。"每个人都会受挫，"弗农说，"真正的考验在于你怎么站起来往前走……"面对竞争激烈的邮购目录行业，弗农的高逆商做法影响了她的公司，使得公司上行下效，成为一流的生产商。

我接触过的一个政府机构则把每一个不利事件都当作世界末日来处理。一些联邦政府宣布政府改造计划（这是联邦政府用来削减开支的重要方案）的时候，他们马上就说："天啊。又来了。老一套。只是换了个做法，结果还是那些大佬们偷偷夺走了更多的权力，让我们乖乖听话。做什么都没用，所以还是接受好了。"

再次证明，逆境反应带来的后果可能跟逆境产生的后果一样严重。受害者心态、发牢骚、无助和消极最终会让人丧失能动性。他们设想出最坏的情境并据此来行动，从而自取灭亡。

组织寿命

组织的逆商受其领导人的影响，从而直接影响组织的寿命。可以这样讲，只有在逆境面前能够保持敏捷度、紧迫感和韧性的公司才能生存下去。以联邦雇员信用社（Federal Employees Credit Union）为例。该信用社的 CEO 佛罗伦斯·罗杰斯（Folorence Rogers）转身去跟她手下的七位高管讲话的时候，突然发生了爆炸，震到室内，把罗杰斯狠狠地甩到远处那面墙上。整栋大楼倒塌，而会议室里的人除了罗杰斯之外无一生还。罗杰斯的 32 名员工中共有 18 位丧生。

这就是美国历史上极其惨烈的恐怖袭击事件——俄克拉何马市爆炸案。作为其中的一位幸存者，罗杰斯完全有理由变得惊慌失措或是将事件灾难化。然而，爆炸发生的七小时后，罗杰斯就召集董事会成员开紧急会议。他们觉得应对其客户负有很大的责任。

审查员提醒罗杰斯，如果人们把存在信用社里的钱取出来，那信用社就会马上失去大部分的资产。罗杰斯说从不会发生此事，因为她和剩下的员工已经迅速地做出反应，挽回了客户的信任。

他们不会让逆境毁了一切，也不会让它持续过长时间。罗杰斯和她的员工发了一篇新闻稿，告诉大家他们会在 48 小时内建立起临时办事处。他们的策略是有用的。罗杰斯说："我们的客户两天后就能使用自己的提款卡了，他们惊叹不已也非常开心，无论如何他们都不会抛弃我们。"

恢复过程中最难的一件事就是招人来接替死于爆炸的员工。"我们提醒每个前来面试的人，告诉他们这项工作会很难而且形势也不利。"罗杰斯说道。他们要找的是高逆商的人员。

凭借快速、机敏且高逆商的反应，联邦雇员信用社得以存活下去。结果，该信用社发展得比以往都要快。1995 年，其资产增加了 300 万美元。

显而易见，与应用于个人的情况一样，逆商对组织的成功也会产生很大的影响。那么，我们就得想想，是什么原因让组织无法尽可能积极地应对逆境呢？我发现，是因为并非人人都按照相同的规则或准则做事情。

创建高逆商组织过程中的障碍

在近期的一个逆商培训项目中，一家公共事业公司的 CEO 在讨论的过程中站起来，然后转向所有的组员，问道："要是你想要攀登，但你所在的组织里全是扎营者，你会怎么办？"他的提问让这间坐满领导者的屋子爆发出一阵热烈的掌声和表示赞同的欢呼声。

这可能是让领导者觉得最挫败的事情：他们想要带领人们登山探险，但大多数人只想留下来享受营地的舒适环境。

第 8 章

高逆商组织：打造攀登者文化

扎营者的行为准则

谁又能责备扎营者呢？营地是个安全的避风港，让人们不必遭遇残酷凛冽且没完没了的变革之风。要记得，逆境越是艰难，想要扎营的人就越多，而想攀登的人则会越少。经历一波又一波的流程再造、架构调整、裁员和发展之后，人们想要躲藏、平躺和扎营。组织目标受到遮蔽或是做出让步，于是，攀登的动力几近消失。即使每次都挺过了新的攻击，也不能保证未来有工作或有保障。

另一方面，营地让人产生安全感的幻觉。即使在这个少花钱多办事的艰难时期，营地仍是比较舒适的地方。最重要的是可以跟其他的扎营者混在一起。扎营就是比攀登要容易，而且看起来更安全。

扎营者当然会站在扎营者的视角来看待生活，对于符合他们世界观的行为就支持，不符合的就反对。我把他们的行为准则称为"扎营者准则"。根据扎营者准则，生活理应是舒适、安全、稳定和有趣的。能够强化营地的想法和行为是好的，对营地构成威胁的则是不好的。扎营者的信条是："营地是神圣的，要不惜一切代价保护好它。"任何对营地构成威胁的东西都是有害的，而任何能改善营地的东西都是受欢迎的。

这些信念和行为能自行延续。因此，扎营者很容易肯定、认可和促进扎营行为。他们喜欢与按照他们的信念行事的人一起混。

因为在组织中扎营者通常是最多的，所以他们会对组织文化产生很大的影响。他们有意无意地尝试着让明里暗里的规则、规范、设想、进程的步调与他们的准则保持一致。他们会用各种办法把威胁营地安全的变革灭掉：走走过场、口头上赞成、把精力放在其他事情上、联合利益相关者提出反对意见、让改革进程变得很缓慢。扎营者可能会暗中为害，采用非对抗性的手段，逐渐地把威胁营地安全的新规则、新政策或新方案给扼杀掉。

他们没有恶意，就是慢慢地把可能会引发动荡的新发展方案给忽视了，或是不动声色地把它击沉掉，但就是不会积极实行。其他的方案得到推进，但进行到某个阶段就停了，突然就离奇地没了发展的势头。领导者在这一过程中就会遇到阻力，因为每项新方案都只是说说而已，没有生命力，也没有产生真正的变革。扎营者一开始就想，变革越多，他们就越是留在原地，结果他们也这么做了。他们煞费苦心地试图建立一种与扎营者准则相符的文化。

我的一位客户花了很多钱来构建新的企业愿景。高管层努力让每个人都参与进来，并就此召开会议。一旦新的愿景成形，显然就会让大家开始重视起来，并会对资源和系统进行重新调整。也就是说，这将威胁到营地的安全——工作会改变、人员会变动，很多人要去学习新东西或是找新工作。于是，人们参与进来：他们穿上 T 恤唱起歌，在会议上、在备忘录里、在成果展示中运用新的语言。但是，真正需要践行这个愿景时，员工们却视而不见，于是导致变革并没有真正发生。

就连大型组织也会陷入扎营状态。现在市场上多的是失去了竞争力或竭尽全力想保持竞争力的组织。我在前面提到，在互联网服务方面，行业领袖微软公司是如何急急忙忙地赶上规模较小的竞争对手。它一开始对互联网的潜力很满意，但没有主动去抢占这个迅速发展的市场。在开发操作系统上取得的成功（如 Windows 95）蒙蔽了微软公司的双眼，让它差点错过了互联网发展浪潮，使得它就不得不奋起直追。当然，并非只有微软公司是这样。20 世纪 80 年代晚期，甲骨文公司（Oracle Corporation）及其创始人拉里·艾里森（Larry Ellison）和罗伯特·迈纳（Robert Miner）没有行差步错。该公司利用 IBM 公司新开发的编程标准 SQL，即结构化查询语言（structured query language）让客户操作起来更灵活。甲骨文公司的价值在 10 年内涨了上千倍，从 1980 年时的 100 万美元涨到超过 10 亿美元。

然而，虽然他们最初的愿景是好的，而且也能克服竞争非常激烈的行业中出现的难题，但是艾里森和甲骨文公司变得骄傲自大起来，他们扎营享受成功，而不是准备好去应对下一个障碍。由于数字设备公司（Digital Equipment Coporations）的 VAX 大型机变得不太受欢迎，而且新一轮的微型化开始了，于是甲骨文的市场份额和销售额开始下降。甲骨文公司的骄傲自满差点把自己毁了。

计算机行业巨头如 IBM、数字设备、苹果等公司都痛苦地经历过因成功而自满和懒惰，从而导致市场份额大量流失，员工数量大量削减。但这些计算机行业的巨头们并没有去挽救，而开始扎营并且变得软弱，而其他公司就在风暴中直接绕过它们往上爬。不久之后，它们不攀登就得死。结果它们都不得不重新向上攀登。

要想知道为什么有些组织选择扎营而另一些选择攀登，你得考虑两个相对立的事实。

第一，每个攀登者心中都住着一个扎营者。对于个人和组织而言，这都是一样的。因此，攀登者必须努力让自己不要满足于既有成就。我们内心可能想要安定、舒适、稳妥和平静，这是无法忽视的。世界变得越疯狂，我们就越会在生活中寻求这些东西。理想的情况是我们扎营只是为了攀登而养精蓄锐。当然，我们或多或少都想拥有这些好处。但组织要是出现这样的想法，那么可能就会失败。你也许注意到了，你不锻炼的时间越长，就越不会去锻炼。同样，一个组织扎营越久，就越不会去攀登。它在扎营的时候，一支更敏捷、更有决心、逆商更高的攀登者队伍就直接绕过它们往上爬。

第二，每个人生来就有促使自己攀登上升的核心驱动力。也就是说，每个扎营者心中也都住着一个攀登者。领导者要做的是把他人心中的攀登者给解放出来，于是他们大量的精力就会转向上升和攀登者文化，这是一种以革新、持续进步、目标和学习为基础的文化。这样一来，你个人、你周围的人以及你所在的组织都能充分发挥潜力并最终获得成功。

ADVERSITY QUOTIENT
TURNING OBSTACLES
INTO
OPPORTUNITIES

| 逆商
| 我们该如何应对坏事件

埋藏于内心深处的卓越不凡

作为一名大学教授，我除了讲课之外也会给本学院的学生一些指导意见。有一天，我遇到的学生都对他们的未来充满了不确定感。于是我就逐个问："你想象了什么？对你来说最重要的是什么？"

学生们的回答几乎一模一样。"嗯……就像……就像有时候我感受到内在的一些东西。我是说，我感觉自己注定要做一番大事，一些非常重要的事。但我就是不知道是什么事。"我大吃一惊，主要倒不是因为他们的回答如出一辙，而是因为他们言语间透露出的紧张感。他们都很清楚自己拥有一些特别之处。他们感觉自己好像被赋予了伟大使命一样。

担任教练和咨询师的时候，我在各行各业的人身上看到了这种卓越不凡的信念，只是都隐藏在重重妥协、理性化和使人麻木的要求之下。

我们都拥有促使自己攀登的人类核心驱动力。在一些人身上，这个驱动力只是藏得比较深，需要更努力去挖掘才行，但是必须挖掘出来。时间滴答流逝，毫不关心我们如何过活，也不关心我们是不是真的在生活。每个扎营者心中都有一个攀登者。身为领导者，你可以利用 LEAD 工具来引导人们提高逆商，从而让他们能够释放内心的那种卓越不凡。你也可以提供一种高逆商的企业文化，这种文化将让他们个体和集体的攀登保持一致，而且会助力攀登。他们会获益，你会获益，你们的组织也会切实获益。

让团队时刻记住自己的卓越不凡，这确实是而且也仅仅是领导力挑战的一部分。第二个部分是让组织流程成为攀登过程的垫脚石，而不是绊脚石。

协同一致的挑战

在很多组织中，指导行为的系统和流程并不符合攀登者文化的要求。我偶尔会遇到很多忧虑不安的领导者，他们很想知道该如何让组织去攀登。

生产部主管杰夫把酒杯放下，听着区域销售经理菲尔诉说心里话。"我们得想个办法了，"菲尔大声说道，"我的人都快完蛋了。我们跟他们说，你们有能力的，你们可以掌控的，但每当冒个险或是失败了，他们就会止步不前！"

"你到底是在说什么？"杰夫问道，同时又抿了一口酒。"哎，"菲尔继续说道，"看看我们推的那个大型本地服务项目。撇开噱头，这个项目就是让我们的人员为顾客提供更好的服务，增进与顾客的关系。"

"对，所以呢？"杰夫问道，"我没明白你的意思。"

"我解释给你听，"菲尔答道，"我们对员工和顾客说，服务就是一切，对吧？"

"没错！"杰夫回答道。

"很好！可我们是怎么做的？我们处理服务订单要用几个星期，都是为了等待批复。"

"几个星期？"杰夫有点吃惊地问道。

"几个星期！"菲尔肯定道，"而且这些人是在乎的！他们都不敢直视客户。我们让他们做出承诺，却又不让他们兑现诺言。我们怎么能指望他们能做到最好呢？"

"你说得有道理，"杰夫答道，"但是，起码我们的薪酬待遇很优厚，这对他们很好啊。"他补充道，有点进行辩护的感觉。

"哦，当然了，大家在这里赚到钱。但是，因为什么赚到钱？"菲尔尖锐发问。

"当然是因为绩效。"杰夫答道。

"没错,但是是什么样的绩效呢?我们的制度体系会因为两件事而奖励员工,一是不捣乱,二是做好文案工作。他们不会因为提高服务质量、提出新的观点和建立关系这些我们声称会去关注的事情而获得奖励。尝试新东西无异于政治自杀!"

"你想说什么呢,菲尔?"

"我的意思是,我们要求的东西和我们实际鼓励的东西是两回事。所以导致了得力人手的流失。"

杰夫抬了抬眉。

"啊,对了!"菲尔回应道,"就在上周,我的一位得力干将唐·焦瓦尔(Don Giovale)提出辞职。"

"不会吧?"杰夫大声说道。

"就是这样,他不是第一个辞职的。要是还不改变,他就不会是最后一个辞职的。你知道他说了什么吗?"菲尔不等杰夫作答就说,"他没办法开展工作。他就是这样直接跟我说的。他对我说,他自己的一个个想法是如何被我们给镇压下去的,因为这些想法都会挑战现状。他举出一个个事例,说明自己是怎么无法为客户提供服务的,他把很多客户都当作朋友。"菲尔停顿了一下,让杰夫充分认识到他言语中的严肃。

"他喜欢在这里工作啊,杰夫。只是这里不能让他获得成功。他坦白对我说,我们说得很好,但并不想做出改变。他觉得自己付出了一切之后,做什么也没有用。而且,你知道吗?"

"知道什么?"杰夫问道,已然害怕菲尔的回答。

"唐和其他员工的唯一区别就是唐有胆量离开。你留不住他。其他人都是闲坐着,无法做自己真正想做的事情,但并不是很期待会发生改变。他们干脆就放弃了。他们明白唐的意思——我们鼓励的是维持现状而不是提高标准。"

杰夫长叹一口气，同时菲尔总结道："其实，要是我们想存活下去，我们就得向人们证明，他们尽全力做事仍然是值得的。即使是在最微不足道的事情上，我们也要言出必行。否则我们就完了。"

要解决这种不协调现象既要进行一些分析，也需要坚定的信念。有了这两点，就能建立或恢复一致性，释放出大量的活力。

与菲尔和杰夫的公司类似的企业也常常会遇到目标（即攀登）与行为方式不一致的问题。

课后生活：哪里出了错

假设你花了一些钱，让员工去参加逆商培训项目。他们了解了这个基本科学知识，对自己的逆商进行了测评，学习并应用了 LEAD 工具和许多技巧来提高自己的逆商，这样他们就能够挺过风暴。然后，他们又获得一系列后续的工具，让他们能够将这个新的行为纳入自己的生活和工作中。

什么样的力量能让这个重要的新行为固定下来或是失败告终？虽然你无法阻止一个人拥有和展现出高逆商，但是你和组织可以通过营造出与高逆商行为格格不入的环境，来让此事难以达成。于是，这个人就面临着两个选择：他可以选择放弃，这会产生毁灭性的后果；或者，他可以像唐·焦瓦尔一样另谋出路，这样你就失去了一位宝贵的攀登者。

哪些有意和无意的因素可以阻碍或阻止一个人提高工作中的逆商呢？领导者要想构建攀登者文化，需要避免哪些问题呢？领导者做什么会让攀登开展不起来呢？你可能有自己的答案，而我找出了以下 22 个答案。

摧毁下属逆商的 22 种方法

1. **承诺多，兑现少**。空头支票是碾碎动力的利器。经常使用他们。没有什么会比辜负团队的信任更能摧毁一支攀登团队。信任是团队攀登过程中的一个重要组成部分。扼杀了信任就能扼杀团队的攀登。

2. **反复无常**。让员工没有防备。说到却永远做不到，除了说裁人就裁人。在重大事情上，尤其是在政策、管理和道德选择上，经常改变自己的看法，飘忽不定，让人们一直在猜接下来会发生什么。这样一来，他们在采取行动之前就会犹豫不决，错失很多机会。

3. **记住：万事都有不足之处**。一定要生动、夸张而详细地指出来。总是说事情可能办不成，一定会指出过程中每个潜在的或想象出的难题。要是人们还有干劲的话，必要时重复这一步。

4. **展现受害者心态**。表现得很沮丧、失望、不知所措。这是会传染的，其他人肯定会跟风。言辞消极地不停抱怨事情是怎么发生到你的身上，却从不想想其他办法。明确表示整个世界都与你为敌，对此你只能无可奈何。

5. **躲避外部射来的子弹**。让人们感受到逆境的猛烈冲击。他们越早受到打击，越能尽早意识到自己对此无能为力。一定要让人们知道，局势变得艰难的时候你会失踪。

6. **只是口头支持担当和责任感**。滔滔不绝地说全身心地投入项目和对自己工作结果负责所带来的好处。然后，一定会惩罚这么做的人，把更多的责任压在他们身上，却不给予看得见的奖励。

7. **对所有可能有助于团队成功的事情视而不见**。真正的攀登者是没有感觉的！用消极的反馈意见来削弱他们的力量。永远也不要考虑他们的想法。拿不准的时候就全权掌控一切。什么都自己干。这肯定会增加你的工作量，但你的员工很快就会学会乖乖地等着你的下一步指示。

8. **让团队看到打击他们自信的事情——重大失败**。事实上，在说到各种失望的时候频繁使用"失败"一词。团队成员越早意识到不允许犯错，就越早停止去冒无聊的险，然后就会变得随便，好像这里是自己家一样。

9. **把成功描述成偶然事件**。不要浪费时间去表扬员工取得的成功，这些成功肯定不会常发生。你知道接下来他们就会拿宝贵的工作时间去庆祝。把成功说成暂时的好运而已。让团队充分发挥潜能是没什么用的。他们只想要更多的钱而已。

10. **不惜一切代价地破坏幽默感**。失败没什么好玩的地方。幽默只会浪费宝贵的时间和精力。要是人们觉得自己有创意，那就让他们把创意放到工作上。你需要达成企业经营的底线要求，这没什么好玩的。

11. **耗尽他们的精力**。让你的团队长时间连续工作。在古埃及，用这招来对待奴隶很管用！每天你要第一个到办公室、最后一个离开，表明你没有个人生活并且认为员工也不应该有个人生活。要是他们开始变得很活跃，那就创造一个有紧急截止日期的工作给他们，那种需要加班加点搭上周末的工作。他们越努力工作就越温顺。长远来讲，每个人就变得更容易管理了。

12. **碾碎创造力**。轻率是不被允许的。开会的时候，等着某个年轻有活力的新人满腔热情地提出一个想法。一直听她说完，然后当众猛烈批评她的想法。让大家明白，你需要点子的话会问的。

13. **迅速严惩所有的独立尝试**。当众羞辱那些不经你批准就擅自行动的人。

14. **摧毁任何的希望或乐观**。考虑到人人都要面对的这个大难题，只有这样做才是人道之举。员工越早意识到没有希望，就越早驱散失望情绪。

15. **让扎营者围绕在攀登者身边**。为什么所有的活儿要自己做？把你手下最危险的异见分子放到一个低逆商的团队里。他们会让他学会守规矩，不然就滚蛋。

16. **故意让团队遭遇失败**。诱骗他们冒险去做肯定会失败的事情。让他们看到一冒险就出事，没什么能比这更快地让他们倒下的。

17. **奖励守规矩的人**。消灭个性。规矩、政策和流程的制定都有其理由。毕竟有人花了一大笔钱来搞那个手册！从头到尾地看，然后一有人不经你批准而擅自行动，那你就充分利用这个手册。让大家明白，若有疑问，员工始终应先征得同意再做事情。

18. **营造一个严格、死板、无趣的环境**。办公的地方不能出现植物和照片等员工私人物品。工作就是他们的生活，他们越早知道这一点就越好。工作是一件严肃的事情。一定要让环境体现出你的基调。

19. **在热情萌芽之前就将之根除**。让人产生错误的期待是没有用的。工作中没什么可兴奋的。

20. **逼着大家构想出使命和愿景，然后你通通忘掉**。这个办法能非常有效地将团队成员潜藏的希望都掏空。选个好地方开一场愿景会议，会上请来一位金贵的顾问，他毫不知情地予以配合。让团队成员把最棒的想法都讲出来，然后你通通忽视掉。

21. **让员工有责无权**。给员工布置大量不可能完成的任务，但是他们又没有权力动用成功所需的资源。让他们一直沉浸在挫败之中。

22. **用"赋能"这个武器来让员工少花钱多办事**。对员工说，你们是有能力的，然后就甩过去一大堆工作和期限，而不是资源。让大家明白，他们的任务是不择手段取得成功。当然，要经过你的批准才行。

这个非常不全面的清单包含了那些能够摧毁个人和团队信心、活力、动力和掌控感的习惯做法。你都经历过哪些？这些因素想让组织中的成员明白，对自己的职业生涯拥有自主权和掌控力是没什么好处的。于是，组织成员的潜力只发挥出了一点点。这样的组织就像一个昏迷不醒的病人，虽然在运转着，但从未充分利用自身能力。

虽然并没有神奇的攀登电话亭能让一个组织从温和的扎营者马上变成高能的攀登者，但是存在一些基本的、常识性的做法，借此可以大大改变一个组织的攀登势头。

攀登型组织

攀登型组织并不仅仅是市场占有率、利润率和股东收益上的冠军企业，也并不是马尔科姆·波多里奇质量奖（Malcolm Baldrige Award for quality）的候选企业，虽说致力于攀登的组织可能会获得这些奖项。想要创建攀登型企业，就要想想山峰，也就是这个组织的目的。它阐述了组织为什么要攀登。组织的驱动原则就是行为准则，阐述了组织如何进行攀登。

意义与原则

与个人一样，每个组织也都有自己要攀登的山峰。它的山峰是由自己的意义或使命（也就是存在的理由）来决定的。个人常常会把结果和方法弄混，常常以为经济收益就是目标，而实际上它可能是一次有意义的攀登所带来的奖赏。组织也常常会把这两者弄混。

大多数人并不想将自己生命的大好时光变成纯粹追求物质回报的旅程。钱固然重要，但我们必须问问自己，赚钱的意义是什么？

如果你的组织所追求的就是赚钱，那么"你做什么"和"你怎么做"之间就没什么差别。为何不把可卡因或军火卖给恐怖分子呢？是你的道德和良知不允许你这么做。因此，为了指引自己做出道德选择，你必须要有一套外显的或内在的核心价值观，或者说驱动原则，就像《十诫》一样，定义了你将如何遵循自己的目标来攀登。

意义通常被写在公司宗旨里，但公司宗旨最终会沦为一份装裱精美的文件挂在墙上，或是又一个归档以供日后查阅的项目。真正的挑战在于每天都要活出意义，而这样的坚持和热情始于领导者。

因此，要得到一群人最深入的、最协同统一的承诺和投入，就必须有一个更高的、更持久的、让他们可以一起为之奋斗的目标。与短期目标不同，使命是永远无法完成的，它定义了一种意义，一段旅程，而不是一个终点。

提升下属逆商的44种方法

想一想你要怎么做才能在组织中培养出高逆商行为和高逆商文化,并且在这个过程中充分释放员工的潜能,让他们能够践行组织的使命。以下罗列的这些建议将分为几个类别:目标、价值观、文化氛围、团队、沟通语言和教练。

目标——我们为何在此

1. **明确攀登的山峰**。投入时间和资源来弄清楚组织的目标。它应能回答"我们这个组织为何存在"这个问题,并让所有人都参与进来。对于重要的事情达成一致,然后就一直坚持。若你质疑目标的价值,那就设想一下,要是你一辈子为一个没目标的组织工作会是什么样。

2. **始终清楚地表达一个令人振奋、鼓舞人心、乐观向上的愿景**。目标回答了"为什么存在"这个问题,愿景则回答了"你要去哪里?"的问题。愿景所展现的是一个引人注目、有魅力、鼓舞人心、理想化的未来状态。让所有人都参与构建工作,但你要负责让它保持生机和活力。

3. **将所有系统与山峰保持一致**。即使这说起来容易做起来难,也要找出并摧毁那些会引发无助感的系统。大多数组织都有不同程度的"不一致"的问题。这就相当于给你的员工传递一个双重性的信息:"我们很珍视攀登,但奖励的是扎营。"研究一下你们组织的招聘、薪酬、绩效考核、绩效管理、培训、奖惩和沟通交流系统是如何促进或打击高逆商行为的。就像汽车上的每个轮子,一个没有一致性的系统是极具破坏性的。好一点的结果是,它降低了效率,而最差的情况是,它会带你偏离轨道。

4. **创建攀登者文化,让团队的山峰与组织的山峰保持一致**。这个清单上的每件事情都有利于创建攀登者文化。让你的团队明白这些事情,新老员工不仅能知道要怎么做,才能与组织的方向和运作保持一致,还可以根据契合度来进行自主选择。这样一来,就能吸引攀登者,击退扎营者和放弃者。强大而明确的文化可以指导员工的行为和选择,并对此产生重大的影响。

5. **让个人目标与组织目标保持一致**。你要对团队成功拥有真正的兴趣,并将之展现出来。如果信任度和沟通机制允许的话，员工愿意把自己的目标（他们的山峰）与你分享。他们会告诉你，什么对他们最重要，而你作为领导者，可以帮助他们将自己的目标与组织目标保持一致。你要尽力促成此事。没有什么能比目标一致更能让团队投入工作的。

6. **让成功成为一段旅程而不是一枚药片**。你要奖励员工的品格，而不是能快速解决问题的方案。让大家明白你信奉的是能持久的方案和策略，而不是解燃眉之急的灵丹妙药。不要去抢头条。找出重要的事，然后坚持下去。虽然这可能不是很有趣，但是管用。

价值观——强化与逆商相关的价值观

7. **只承诺你能够兑现的，然后兑现它**。不管承诺了什么都要兑现。每次做出承诺都让你得以展现自己的诚信。要是情况变得让你难以实现自己的承诺，那么就将之看作一次展现出你坚韧的机会，就像你要求别人的那样。挫折越大，有关逆商的收获和教训就越多。

8. **将毅力、韧性和持续进步纳入核心价值观**。下次回顾组织核心价值观时，要明确表示你重视对韧性、毅力和对使命的不懈追求。

9. **始终展现出驱动你的价值观**。永远不要在价值观上做出让步。与对待承诺的情况一样，也要找机会去展现驱动你的价值观。如果不采取任何行动的话，那言语将变得毫无意义。你面临的困境、挑战或障碍越大，关于驱动价值观和逆商的信息就越清晰、越令人难忘。

10. **通过信任、沟通和真正的承诺来赋能团队**。展现并表达出你对其他人的信任。让他们自己对结果有担当，而不要凡事都亲力亲为。尽管这很难做到，因为有时候人们会失败。但是，久而久之，信任会带来真正的赋能。展现你的承诺度、你的信任和你的使命。记住，逆商的核心内容是掌控感。让你的团队去尝试、去失败，然后学会下次做得更好，这样能增强掌控力。

文化氛围——创建一个能够培养高逆商的环境

11. **经常增添幽默，从而保持洞察力和健康**。幽默能传递出"这都是旅程中的一部分"这种心态。它能让攀登者在腿开始发酸的时候提振精神。通过卡通动画、玩笑、传统和犯傻来大肆展现幽默，但首要的是要有自嘲精神。

12. **奖励那些平衡得好的人，并将其树立为榜样**。攀登者需要恢复精神。坚定而积极地让团队成员花时间来调养自己的身体、精神和灵魂。投入时间和金钱让人们去学习、锻炼、祷告或是去做他们觉得管用的其他事情。要发挥模范带头作用，做到个人平衡，并证明这能让人们坚持不懈地攀登。

13. **培养创造力**。遇到雪崩就重新规划路线。创造力会让人不再说"如果"，而是去想"怎么做"。当组织遇到逆境时，就必须靠自己的创造力把难题转变为机遇。一味地抱怨资源少而事情多，只会浪费时间、耗费精力。创新会激发可能性和信心。

14. **指出并支持协同合作的时刻**。人们以团队的形式进行攀登。找出那些人们伸出援手的事例，强调并奖励这些事例，从而让大家明白："我们始终会帮助摔倒的队友。"

15. **营造并保持一种开放**、**有活力**、**协调促进的环境**。为人们的沟通和合作扫清一切障碍。移开墙壁、家具、电脑、电线等过时的权力或界限。人们能看见对方并尽可能进行面对面交流的时候才能合作好。让远程办公的人员也参与进来。让他们觉得自己也亲临现场，定期把他们拉进办公室来。

16. **抢抓一切机会来培养热情**。热情稍微一露头就要使之强化。每天你都要表现出真切的工作热情。这会提升团队的活力、乐趣和可能性。热情的传染力极强！

17. **遵循自证预言行事**。对成功有信心就可以提高成功的概率。当其他人两面下注留条后路的时候，你仍对成功有信心，最终结果会证明其他人都错了。对未来和有可能的事情怀有信心有助于取得成功。一旦有事实证明的确如此，就去与他人交流经验教训。

18. **为攀登提供支持**。形成一种经常讨论挑战、挫折和逆境的惯例。经常在会议和讨论中重新探讨攀登过程。冷静而自信地应对人们所遇到的困难，让团队一起运用 LEAD 工具来引导自己摆脱低逆商反应，并制定有意义的行动策略。

团队——找到并发展攀登者

19. **招募并打造一支高逆商的攀登团队**。每项工作都要求人们拥有战胜逆境的能力。对应聘者的逆商进行衡量和评估。这能马上看出他是否有能力运用自己的才能和技巧，能否充分发挥潜能，能否挺过困难时期。我知道有很多经理人天天都想着，宁愿招履历一般但逆商高的人，而不是履历很好但逆商低的人。

    招募攀登者比培养出攀登者的成本要低，也更容易。因此，我们公司提供类似逆商测评的工具，来帮助组织招募优秀员工。通过这份电脑上立即生成的报告，你可以评估应聘者应对逆境的方式，同时考虑他的简历、面试能力以及他是否适合你们公司。你也可以在这个工具中加入有针对性的问题和行为面试技巧。

20. **找到并提供完成工作所需要的资源**。弄清楚哪些资源对你的团队成功至关重要。展现创造力和坚持不懈的精神来寻找这些资源。你不一定总是能找到，但你至少能证明"不问就没有"这句老话是对的。理想的状态是，你会渐渐地让你的下属有能力自己去找资源。

21. **展现并阐明每个团队成员对于整体的重要性**。我曾经加入一个攀岩队，准备一起去爬一面很难爬的花岗石壁。一位队员负责拴绳，他要拉住绳子，以防人们掉下去，而他之前没做过这件事。他觉得这项任务没什么意思，虽然拴绳很重要，但大部分时间他都是坐着或等着，而攀登者则是在做准备并慢慢往上攀升。他太无聊了就把绳子松开了。我的一位队友掉了下去。幸好他没有受伤，但是这件事传递出的信息很明确，即应该让每个人都知道自己的工作对于整个团队的攀登有多重要。

22. **让团队成员认清和培养自己的强项，并尽力减少弱项的负面影响**。攀登者致力于不断提升自我，从而加强自己的贡献、影响力和攀登。为员工提供工具、反馈、培训和激励措施，让他们不断提升自己。

23. **允许人们践行自己的想法，但前提是不威胁到他人的生存**。与冒险的情况一样，人们只有自己提出的观点受到了重视，才会提出新的想法。要允许你的团队去尝试一些出格的事情。若成功了，很棒！若失败了，表扬一下大家付出的努力。

24. **总是请大家参与和投入**。过去十年里，所有有影响力的书籍都大谈参与和投入的重要性，这其中是有原因的。参与和投入会给人们带来掌控感，从而让人更加积极主动，拥有更高的逆商。对于事件有较强掌控感的人，会坚持得更久、更有创造力、更能保持健康。

25. **培养并颂扬主人翁精神**。胜任力讲的是能力，而主人翁精神讲的是掌控力。让团队去应对有难度但又并非不可能完成的任务，从而让他们培养掌控能力。然后在他们攀登的时候支持或"聚焦于"他们。一旦他们成功了，一定要让他们有足够长的喘息时间，让他们真正将主人翁精神渗透于骨髓之中。主人翁精神通常是自行建立起来的，可以让人对自己应对各种情况的能力产生一种重要的掌控感。而这种主人翁精神非常容易感染整个团队和组织。

沟通语言——强化逆商的意义

26. **颂扬过往那些从困境中转化而来的成功**。找出组织内具有历史意义的高逆商转折点（即有些人不得不战胜逆境），并广而告之。运营时间超过一周的组织都有故事可讲。利用视频、新闻通讯、邮件和其他手段反复推送这个信息，从而让故事和人物成为被认可的文化。这样能告诉大家什么是重要的、什么是受到赞美的。

27. **认可为攀登所做的重大而真诚的贡献**。试着找到团队成员践行组织目标的重要时刻。让所有人都停下手头的事情，聚焦在这些关键时刻上，然后向他们明确表示：组织目标就是最重要的事情。

28. **打造高逆商传奇**。寻找并接手一个没人相信会做得成的项目，而且完成得比大家想象的要更快、更好。这件事就会成为公司内的传奇故事，会提高整个团队或组织的水平。

29. **找到并颂扬高逆商的成功故事**。让攀登者成为团队的英雄人物。当团队成员用你所教的技能努力突破逆境时，你要留意并对此进行表扬，从而让大家明白，人人都可以成为优秀的攀登者。颂扬那些最能展现战胜逆境能力的时刻。

30. **使用攀登的语言**。把山峰当成胜利的标志。教会团队关于攀登者、扎营者和放弃者的知识。让他们想象出山峰的样子,并把它看作攀登的一种象征。这个鼓舞人心的画面更容易被人们记住,而且也为人们提供了坚实的基石,让人们自己去应用和类推。

    避免使用"不可能""绝不""总是""不能""达不到""必然""必须"等词语。经常检查自己的逆境反应。找出所有听上去像是负面的 CORE 反应。倾听那些富有掌控感、担当力、影响度和持续性的内容。

31. **证明不可能的事情并非不可能**。从小事开始做起。有个很好的办法能让人们向前看、向上望,摆脱他们感觉到的困难,就是找出一个看似不可能战胜的挑战,然后向团队展现这个问题是怎么解决的。最好是你能教练、引导团队取得成功,让他们自己证明。他们一旦冲破逆境,既会释放出大量的活力,也会令人非常兴奋。捕捉住这一瞬间,在团队觉得做不到的时候以此向他们证明可以做到什么。

教练团队拥有高逆商

32. **助力员工去打自己的仗**。你要为了攀登准备好自己的团队。让员工遭遇适量的逆境,从而让他们自己向自己证明,他们拥有顽强的作风和能力去战胜不断加强的挑战。

33. **建立起真正的担当和责任**。对于这两个组织的优点,要建立起明确的、不被误导的理解。当人们给予了承诺,他们就有责任对此事跟进,并为结果负责。这就是提高逆商的最佳时刻,因为他们向自己证明,他们能够做到什么。

34. **要求人们适当冒险,并对此进行奖励,就算最后惨败也无妨**。始终表明会奖励不危害组织生存的冒险,因为这是攀登过程中理所当然的一部分。找出某个人跌得鼻青脸肿的时刻,然后把这件事说得很好玩,引人注目,并明确表示赞许,因为这是在尝试攀登。

35. **对团队给予奖励,因他们创造的成绩而不是他们的守规矩**。规矩太多会让人变得犹豫不决。就像一年级学生第一次入学的情况一样,人们也会畏缩不前,担心会违反什么规矩。员工做出成绩了就要给予奖励,并让大家明白,创造力（不违反道德）、冒险、错误，甚至是混乱都是有价值的。

36. **隔开逆境**。一个地方出现的危机不一定会毁掉其他地方。要在言语上将受逆境影响的区域与依然强大的区域分隔开来。我背着背包在雨中徒步时，包里的东西都是隔开的，一个地方被雨淋湿了，其他地方很可能还是干的。这样一来，就算我的睡袋、帐篷、鞋子和其他衣服都湿透了，总是有可能还有一些暖和的干衣服。不管暴风雨有多大都没关系。

要是公司的某个部门在营收和服务上遇到问题，那么就努力将人们感觉到的影响和实际产生的影响控制住。防止这些问题影响公司其他部门的实际运作和员工的心理状态。

37. **提高标准，从而让团队快速成长**。对自己或他人永远也不要将就，要努力做得更好。我去看病的时候曾遇到一位满身烟味的医生，他之后用了20分钟大谈运动和健康饮食的好处，这会让人觉得他没有任何可信度。因此，你自己要先做好，然后才能要求别人做到。

38. **问问团队"你们成功路上的最大障碍是什么"，然后帮助他们扫清这些障碍**。让人们说出困难，就能让难题从暗处走到明处，然后就能像屠龙一样把这些问题解决掉。为团队成员提供必要的权力和工具，让他们能够去屠龙并庆祝成功。

39. **让人们明白"不问就没有"的道理**。一直提出不切实际的要求，会让你渐渐地得到满足。我有个好朋友，他出差的时候，习惯住高档酒店。办理入住的时候，他很礼貌地问前台，说自己是否能以公司合同价的一半入住这个房间，要是不行的话，这间房就只能空着了。他常常能成功。这是高逆商的可能性思维。这个方法适用于供应商、顾客和竞争对手，他们相互之间也可以用。

40. **做到对事不对人**。这句谚语说的就是高逆商的做法。行为是暂时性的、可调整的，而个人缺点则较为顽固，因而更有可能会持续。因此，老提个人缺点就更会让人们选择放弃，而针对行为所提的反馈意见则可以引导人们成长进步。

41. **没有受害者，只有志愿者！** 在行为列表中要避免受害者心态和发牢骚。不要奖励或鼓励发牢骚的行为。发牢骚会弱化整个团队。若是控制不住的话，就停下来，给每个人两分钟的时间悲痛地放声大哭。他们会嘲笑自己的幼稚行为，然后继续去做要紧的事情。利用 LEAD 工具，用有意义的对话和切实的行动来替代发牢骚。

42. **利用 LEAD 工具来提高逆商**。在公开和私下的场合利用 LEAD 工具来引导他人。让团队成员体验并见证 LEAD 工具所带来的转变，从而让他们明白 LEAD 工具的用处。长期使用下去，员工就会把这个方法纳入自己思维和人际交往词库中。

43. **运用止念法来消除灾难化这个选项**。这些方法能有效制止大火肆虐而烧毁大量的土地。你的团队会感激你能够让他们正确看待挑战，让他们没有浪费宝贵时间来瞎琢磨想象出来的负面信息。

44. **定义、衡量、讨论和培养逆商**。让员工学会本书中提到的概念、技巧和原则，这样你就能建立起突破逆境所需的一种重要语言和能力。我见过无数次这样的情况，就是一出现打击士气的低逆商反应，就会有人说："嘿，这是低逆商的表现。"人们一旦掌握了必要的技巧和语言，就马上能调整自己的行为和反应。

工作中的逆商

从 CORE 的内容来看，逆商讲的是增强掌控感和担当力，同时减少消极的自责、灾难化和持续时间。逆商不仅可以被训练，而且在更多的情况下是再次唤醒团队以一种全新的说话、思考和行为方式，来面对日常挑战、挫折和失意。

团队应对逆境的方式，无论是个人化的还是集体化的，都会对组织成功的方方面面产生深远的影响。让团队成员学会这些技巧，并让组织的系统和流程促进其发展，那么你就能构建出一种可持续的高逆商文化，可以推动组织遵循自己的使命向前行进、向上攀登。利用这些策略，你的组织就能够在其他组织无能为力或放弃时获得优势。这样一来，你就能减少变革带来的代价昂贵的负面影响，而且对于那些在创新、费用削减和流程优化项目中备感压力和痛苦的人,你可以开始赢回他们的心,从而让组织提高绩效、生产力、创造力、拥抱变革的能力和效益。

> 盖瑞是 Biotech 公司的一名营销经理,他知道该组织的逆商会深刻影响其长期繁荣。在参加了逆商培训项目后,他迫切地想评估一下本公司的逆商。某个周一的早上,他提前几分钟走进员工周会的会场,把自己的稿纸摆好,这样他就能从容地随时记下自己听到的内容。盖瑞向慢慢进入会场的人们打招呼。
>
> "你们大多数人还没有意识到,"盖瑞的老板、区域副总裁丽塔开始说道,"我们所有人正面临着本公司成立 17 年来所遇到的最大挑战。"她停下来,环视会场,让大家领会她的意思。"基因创新公司(Genetic Innovation)刚刚宣布它们新推出的无创癌症治疗获得了批准。"一些人倒吸了一口气。"这件事直接威胁到我们最大、最贵的项目。总之一句话,要么我们就把产品上市时间缩短一半,要么我们就完蛋。就这么简单。"
>
> "但那是不可能的!"工程部的斯坦插话道,"我们已经在加班加点了。"
>
> "呃,打破头往墙上撞是没有用的。我们已经结结实实地撞上了,"利兹回应道,"我不知道你们要怎么样,但我是准备去更新我的简历了!"会谈便如此进行下去。
>
> 盖瑞看到的这一切给他敲响了警钟。他回想起其他的会议和挑战,发现 Biotech 公司的员工遇到重大挑战时总是会失控。就在去年,他们有个重要客户被竞争对手抢去了,于是他们就崩溃了。盖瑞知道,逆商会影响到 Biotech 公司的生死存亡。
>
> 在进一步分析之后,盖瑞发现,虽然 Biotech 公司得意于自己的前沿思维和创新,但该公司的薪酬体系却没有直接奖励创新。公司的目标和薪酬体系

之间的这种不协调造成了很大的混乱，而且人们普遍觉得大家接收到的信息含混不清。

盖瑞决定担负起赶超基因创新公司这项工作。他请丽塔派一个专门小组给他，对于这些人提出的点子和创意，他会给予奖励。人们会因所提点子的数量和质量而得到奖励，他们知道极为疯狂的一些点子也可能会取得成果。

然后他为高逆商语言打下了基础，让大家明白，这个小组关注的是行动和成果，而不是抱怨和发牢骚。即使是在最艰难的日子里，盖瑞也是按照这个新的方式来做，只要有可能就贡献出自己的热忱和点子。

在了解到资源短缺后，盖瑞就开始做一个看似不可能完成的任务——他去问CEO要一套设备来供团队使用。在他们这样紧张的预算下提出这个要求，所有人都觉得盖瑞疯了！然而，一小时后，他从CEO办公室出来，申请到了一套新设备，他的脸上挂着微笑。

然后，盖瑞引导这个小组构建出一个清晰的愿景——"推出一个优质产品来打败基因创新公司"。经过多番讨论之后，他们写出了一套驱动价值观，这会指导他们的行为。这套价值观包含公平、慈悲、平衡、帮助他人、诚实和团队合作等概念。他们还给这些词下了定义。盖瑞的团队也确立了一项使命——"让天下无癌"。盖瑞的团队开始带着一种清晰且令人振奋的使命感投身这个项目的各项工作。

盖瑞明确表示，投入会带来责任。人们要为自己的工作结果负责，而不是光工作就行了。随后，盖瑞将这些改革纳入绩效评估过程，让人们在做的事情与接受考核的内容更加匹配。

盖瑞也渐渐地做了其他的调整。在这个小组最初召开的一场会议上，他介绍了山峰，也说了人们可能会变成放弃者、扎营者或攀登者。团队很快就使用攀登的语言，并且每周"从高处更新动态"，也就是团队内部的进度报告。因此人们对于自己所做之事和做事方式的投入、影响和掌控得以达到新的水平。盖瑞——兑现自己对团队成员所做出的承诺，以此获得他们的信任。他甚至还给项目初始阶段定了一个要求很高的、看似不可能做到的截止日期。没几个人觉得能按时完成任务。盖瑞随后保证，团队会有充足的时间来完成第一阶段的任务。

这是一个重大转折点。拿下第一个截止日期后，团队就开始采取"我们什么都能做"这种态度。听到人们用这套新语言，盖瑞很高兴。有几次他偶然听到团队成员相互纠出对方的消极反应。"那是低逆商！"成了立即纠正逆境反应的一种常用方式。

每当有新的难题出现，人们很快就会把它控制住，不让它影响到项目中仍在正常运行的部分。但是，有时候他得在会议上用 LEAD 工具来进行引导。人们很快就明白了，于是就在他们应对持续不断的逆境时开始用同样的方法互相纠错、互相帮助。

虽然工作时间很长、压力很大，但是盖瑞的团队是这个组织中最有活力、最有创意、最振奋的团体。盖瑞的队伍坚守使命，并成为一支高逆商的优质团队，因而能够将产品上市时间缩短一半，直接与基因创新公司竞争。他们直面挑战，成为了一支协调、创新、坚韧、表现优异的团队。

丽塔和 Biotech 公司的 CEO 杰夫随后奖励了这个小组一次全包的周末温泉之旅，因为他们提高了标准，并且让不可能的事情成为了可能。

由此可见，逆商是组织成功中的一个基础的、决定性的因素。逆商会影响你的领导能力和你下属的追随能力。逆商会决定变革的严重程度和成功概率，也会决定你的员工能够多好、多快地应对持续不断的变革。简言之，逆商是组织健康、绩效表现、动能和竞争优势的一个真正来源。

ADVERSITY QUOTIENT
TURNING OBSTACLES
INTO
OPPORTUNITIES

第 9 章

攀登者的底色

> 影响日常生活的品质,这是最高级的艺术。
>
> 亨利·大卫·梭罗

本书提到的概念和工具值得你花时间和精力去使用并教别人使用,原因主要有三。

第一,不管你现在的成就如何,你都有可能想要强化生活中的某些方面。你现在认识到,逆商会为你提供新的见解和工具,以面对每天遇到的逆境。

让你决定要费心把这些工具整合并纳入自己生活的第二个理由是为了帮助他人。在看完前面的章节后,你意识到 LEAD 工具、止念法和逆商理论能显著提高他人的生活和工作质量。你生活中可能会有人从你学到的这些东西中获益。

第三，你也认识到逆商是如何能决定一个组织的竞争优势和在持续变革中坚持不懈的能力。

这种坚持不懈的能力始于你，始于个人。但是，变革并非易事。实际上，有时候变革是相当艰难的。

为何多数学习会以失败告终：豪威尔的能力水平五阶段

我在明尼苏达大学读博士期间，有幸能跟我们学院的资深教授威廉·豪威尔博士（William Howell）一起工作。人称"大白牛"的豪威尔博士研究日本商业领袖的行为已经有几十年了，并积累了很多智慧。早在这项研究变得热门之前，他就开始进行了相关研究。豪威尔博士构建出一个模型，来描述我们接收到新的信息或想培养一项新的技能时会发生什么情况。这个模型适用于任何一项新的技能，包括 LEAD 工具、止念法和第 8 章给出的 44 种方法。

学习一项新技能：豪威尔的能力水平五阶段

你回想一下我对加州大学洛杉矶分校医学中心的马克·努维尔博士所做的采访，里面提到，人可以瞬间改变一个习惯。你给大脑发送一个响亮的警报，就能立马叫停逆商值不太理想的反应模式，换成一种新的、健康的、高逆商的反应。

虽然改变可以在一瞬间发生，但要掌握新技能还得勤加练习。原因如下。

第一阶段：不知道自己不知道

回想一下你第一次开新车（最好是手动挡）的情形。你第一次开车表现如何？可能你一开始跟我小儿子几个月前的表现一样。他会问我："爸爸，我能开车吗？"

对此，我答道："不能，肖恩，你不能开。"

"可是……可是为什么呢?"他央求道。

"有两个原因。第一,你没有驾照,所以这是违法的;第二,你不知道怎么开。"

"我知道的!"他坚称。

于是我把钥匙给他,并说:"好吧,为什么不开一下呢?"

他立马奔向车库。过了一会儿我就听到车门砰地一声关上,接着传来一声很响亮的"咯吱!"他停住了。

一开始,肖恩是处在不知道自己不知道这个学习阶段。意思是他甚至就不知道自己不会开车。

第二阶段:知道自己不知道

我儿子把车停下的时候,他就进入到了第二阶段。他马上意识到自己不知道怎么开车。这并不是个很有趣或很舒服的阶段。在这个阶段,很多人尤其是成年人,干脆就放弃自己想要学的东西。他们宁愿技术差点,宁愿维持自尊,也不愿遇到尴尬,不愿暂时表现出能力不足。

你看到本书所教授的技巧时,可能觉得自己处于这个阶段。你知道自己并不擅长这些。但这并不是选择放弃的理由,成功的各个方面都岌岌可危的时候尤其如此!渐渐地,你会像我儿子这个未成年司机一样进入第三阶段。

第三阶段:知道自己知道

回想一下你自己早期的驾驶体验,特别是开手动挡的体验。你可能还记得第一次在山路上看到停车的标志,当时后面的车距离你的后保险杠只有六英寸。你汗如雨下,但要是你不去想这些,专心开车,就可以做得到。然后你就来到了知道自己知道这个阶段。在这个阶段,要是你专心去做就可以做到。

跟第二阶段一样，这个阶段也是既不舒服也没有趣。在这一阶段，开车是一件紧张的、不自然的事情，你要全神贯注才不会发生车祸。

你在践行我所教的内容时，来到这个阶段，你会获得信心，但是愉悦感有限。要使用你新学到的逆商技巧是不容易的，但你将能够帮助自己和他人应对逆境。

幸好，不知不觉地进入第四阶段后，事情就变得越来越简单。

第四阶段：不知道自己知道

大多数的司机不会把注意力集中在驾驶操作上。若你也是如此，那么你不假思索地便能换挡、刹车、加速并操作各个旋钮和按键。你达到了不知道自己知道这个阶段。在这个阶段，开车成了一件乐事。

运用 LEAD 工具、止念法和第 8 章给出的 44 种方法时也是如此。你在帮助自己和他人提升逆商的时候，就会发现好处多多。

要达到这个阶段靠的无非就是练习。学开车要花几天时间，而开得好则需要几个月。因为本书列出的工具比开车简单，所以你经过练习后几乎可以马上看到结果。

第五阶段：不知道自己特别在行

每次我们看奥运会，看卡尔·刘易斯（Carl Lewis）跑步、看丹·詹森（Dan Jansen）滑冰、看佛罗伦斯·格里菲斯-乔伊娜（"FloJo"）飞奔，就会感受到第五阶段的卓越性了。这些人已经超越了基础的"不知道自己知道"阶段，上升到特别在行的阶段。在这个阶段，你可以不假思索地出色地完成某件事。渐渐地，你就能够以这样的水平去帮助自己和他人提高逆商。

大脑中发生什么

你在看这五个阶段的内容时，至少会觉得这些东西似曾相识。这五个阶段就是你培养一个习惯时你大脑内所发生的活动。你还会记得,你越是想某件事或做某件事,这件事就变得越发潜意识化和无意识化。你的大脑能大力助推这个活动从大脑皮层(意识区)转入基底神经节(潜意识区)。在这个过程中,你大脑中的树突(连接物)就会变得更密集、更有效。其实,豪威尔的模型直观地描述了你在学习新技能时,你的大脑中在发生什么。

影响成功的两个因素

与我儿子的情况一样,你的成功也会受到两个因素的影响。

第一个因素是重要性。我儿子能学会开车是因为这件事非常重要!开车意味着独立、受欢迎、有趣和灵活性。你见过几个青少年因为开车太难就不学的吗?

第二个因素是难度。你试想一下就会发现,开车是非常有挑战性的。面对危及生命的路况,司机要同时进行很多复杂的操作!然而,几乎人人都开车。

比较一下,用 LEAD 工具来引导自己或他人提高逆商这件事的难度,和开父母的车给自己心理和身体带来的挑战。因此,难度并不是成功路上的真正障碍。

本书归根到底就是问一个简单的问题:提高自身的逆商和增强攀越逆境的能力,对你来说有多重要?

如果我的研究通过本书得以传达,那么你应该明白逆商对于成功的各个方面都至关重要。我还没找到比逆商更深远的、更全球通用的成功指标。由此带来的好处足以激励你挺过豪威尔提出的能力水平五阶段,并让大脑具备高逆商。

你会有何收获

一旦你使用本书中的工具和概念,渐渐地,你与生活的关系几乎在不知不觉间发生了变化。如果你的逆商不太理想,那么你与生活的关系就会从爱恨交织的状态（此时你会主动避开并极力反对逆境，常常会败下阵来）发展成与之共舞。新建立的共舞关系反映出逆境-反应-结果、逆境-反应-结果这样的自然节奏。

你开始看见给自己孩子的逆商发展所留下的第一抹印迹。这一影响会发展成为伴随他们一辈子的韧性、耐力、毅力和顽强。他们很可能会将这份财产传承给自己的后代。

在面对新挑战时，你重新找回了内心的宁静，你觉得充满活力，且理应如此。你会看到员工们积极响应你的做法，向你讨教。

即便如此，你和所有攀登者一样都是人，在努力攀登的过程中有时候会觉得疲惫；有时候会情绪低落；有时候生活似乎艰难得难以忍受。其中的区别在于，与逆商较低的人相比，你遇到这些时刻的次数较少、频率较低，不会长期威胁你的情绪、身体和精神健康。

无论生活中发生了什么，与逆商较低的人相比，你都有可能更快、更彻底地从最无法想象的逆境中恢复过来。而且，每个新挑战都能生动证明几乎没有什么是你无法经受和克服的。

久而久之，提高逆商和应对逆境的能力所带来的好处，就不只是能立即提高活力、洞察力、精神敏锐度和抗压力。当你的免疫功能开始反映出你倍增的勇气时，它们会迁移到更深的地方，以改善健康的形式出现。你逐渐体会到绩效表现提升了，你的一致性、专注力、毅力和生产力都会有相应的提升。你会觉得精神更加自由、更有创意。你更加善于理解工作和生活中的细节。

然后就是无形的东西。你发现人们对你的态度变了，尊敬你。他们注意到你处理问题的方式所发生的微妙而强大的变化。他们被你的榜样行为激励和吸引。

也许最大的奖励就是你开始对生活有掌控感了。日常的财务、情感、身体、人际关系和职业相关的挑战，不知何故，它们失去了夺去你活力的力量。因此，你会体验到更多的喜悦。最好的情况是你意识到在人生的很多时刻，你都是满足的。你现在认识到，喜悦不是小孩子的专利，它来自对生活的掌控感，以及无论发生什么都能保持情绪和精神上的充实。

你的新行为举止没有任何虚假或彩排。你在与人交往和克服生活中的困难时散发出更为真实的气息。

你一次又一次地看到其他人因植根于他们的逆商和大脑深处的假设而遭受巨大的、不必要的痛苦。你不断惊讶地发现，是他们的反应塑造了现实，而远不是事件本身。

强化攀登者

在攀登过程中，你所承受的最大负担大部分是内在的。也许你的过去或现在的某些方面沉重得让你喘不过气来，削弱你的力量，减缓你前进的步伐。

自尊受损、心理创伤、虐待关系和健康失衡只是无数追求完整的人必须要克服的部分困难。逆商理论提供了一些有效的理念，但并不意味着可以快速解决许多人每天都要面对的内心深处的挣扎。

因此，这段旅程的一部分，就是不断努力使自己在情感、身体和精神上尽可能地完整，不仅仅是为了自己，也为了让你留给世界更好的传承。

逆商的更大益处

很可能，你认识的某个人最近几年被解雇了。有可能这个人的现状要么是失业的，要么是半失业的，或者是薪水很低。也有可能，你认识一些挣扎着挤出时间陪伴孩子的父母，或是挣扎着寻找乐观前景的孩子。

当我们完成从工业社会到信息社会的转型时，我们正在经历人类历史上最大的社会转型之一。如此巨大的转变带来了大量的逆境。当我们自己、我们的同事、我们所爱的人和其他同胞们面对这类逆境时,不仅仅是我们的心态受到威胁。实际上,我们的生存也岌岌可危。

著名的未来主义者、《心智模式》一书的作者乔尔·巴克提出了一个模型,展现了愿景如何激起一个更高的反馈循环,从而引发了"抱有希望"和"无助"之间的持续循环。他把愿景定义为"践行中的梦想"。巴克认为,一个清晰、吸引人、积极向上的未来愿景,可以让我们摆脱绝望的循环。愿景会对个人、组织和社会的信心产生极其重要的影响(见图9-1)。

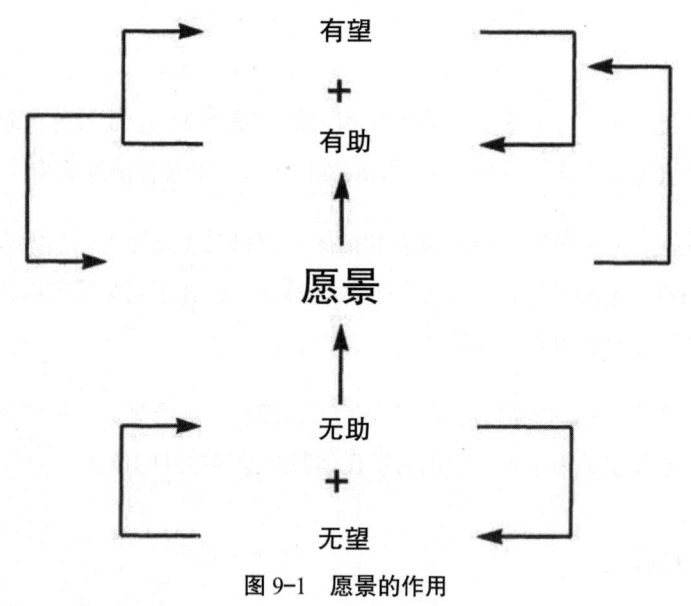

有望
+
有助
↑
愿景
↑
无助
+
无望

图 9-1　愿景的作用

注:经乔尔·巴克允许而列印。

我认为,要构建和贯彻一个积极的愿景,必须要具备高逆商。一个人必须能够看到并挺过源源不断的逆境,从而跳出无助和无望构成的绝望循环(见图9-2)。正是这种习得的攀登倾向,使人能够在看似无望的时期抱有希望。

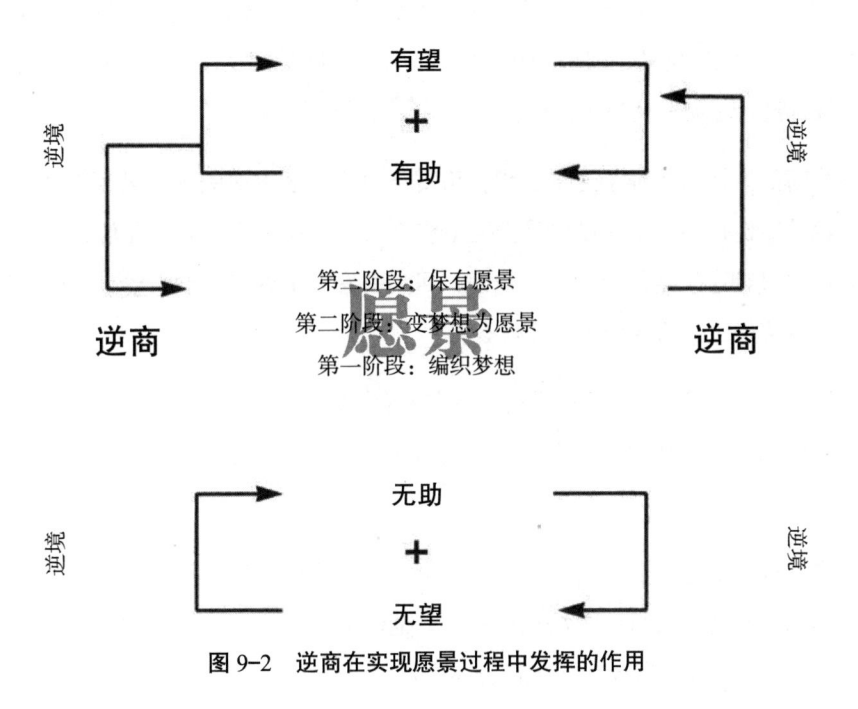

在构建和实现愿景的三个阶段中，逆商最为关键。

```
            有望
     ┌───→   +   ←───┐
逆境 │      有助       │ 逆境
     │                 │
     └───→             ←─┘
         第三阶段：保有愿景
         第二阶段：变梦想为愿景
         第一阶段：编织梦想

            无助
     ┌───→   +   ←───┐
逆境 │      无望       │ 逆境
     └───→         ←─┘
```

图9-2　逆商在实现愿景过程中发挥的作用

第一阶段：编织梦想

人们会给自己的想象力设限。这在愿景被构建起来之前，就限定了可能会发生哪些事情。我们凭直觉知道，相较于逆商较低的人，逆商较高的人会让自己设想更大的可能性。逆商决定了你允许自己甚至认为自己有怎样的未来？

第二阶段：变梦想为愿景

在这个时刻，你想要采取行动来实现梦想，于是就把梦想变成愿景。正是在这一刻，一些可能存在的现实和牺牲开始得到人们的理解。

我最近跟格雷格·唐斯曼（Greg Townsman）谈了谈。他是一位被休斯公司（Hughes）解雇的工程师。他描述了自己在工作中的无助感，让他无法摆脱自己一直都不喜欢的一些东西。在表达对自己职业生涯不抱希望的同时，他充满激情地讲述了自己最初的梦想——成为一名医生。当他生动地描述他如何和为什么总是想帮助治愈年幼的孩子时，他整个人都快活了起来。他对自己作为医生的每一个阶段都进行了周密的思考。

我问他为什么放弃了这个梦想，格雷格说要当医生他就得读很多年书，做出很多牺牲。他描述了医学院的课业看着多么可怕，而他根本就不相信自己能做得到。他觉得走这条路是无望的。他说，回头去看，跟做着自己不感兴趣的事情所带来的痛苦相比，那些牺牲不算什么。

格雷格停在了第二阶段，攀登过程的现实情况让他放弃了自己真正的道路。他不去践行自己的梦想，那么当医生就仍然只是一个梦想，绝不会变成一个真正的愿景。

格雷格的低逆商让他无法正确看待学医这个难题。尽管他弄清楚了自己的山峰在哪儿，但却认为自己无法完成攀登。他认为这个逆境是持久的、影响深远且压倒一切的。因此，成年后的大部分时间他都登错了山。

第三阶段：保有愿景

人们经历了一个个成功的阶段之后，仍在追求愿景的人会渐渐减少。在那些逆商足够高的、得以编织梦想的人当中，只有一小部分人能坚持下去、战胜挑战、践行梦想，把梦想变成愿景。而能忍受其中的艰辛、坚持追求愿景的人就少之又少了。

攀登者不会被劝阻，而往往是攀登过程中的逆境更让他奋发向上。做梦是一回事，坚持下去又是另外一回事。保有愿景则是最难的第一部分。一路上，我们很容易被更为轻松的道路分心，或是为要不断努力才能前进而感到灰心丧气。只有能够攀越逆境的人才得以实现愿景。

显然，构建和实现愿景的三个阶段都深受逆商的影响。归根结底是逆商和愿景的协同作用，使人得以打破绝望的循环，并让生活充满希望和使命感。

因此，本书的真正目的是提供一个途径，让我们自己和我们身边的人能够打破绝望的循环并开始重拾信心。这是攀登的本质。如果做不到的话，我们必然前景黯淡；如果做得到的话，我们就有无限可能。这些都是从你个人和你克服逆境的能力开始的。

一个人敢豁出命去尝试的时候就会产生变革和进步。

赫伯特·奥托（Herbert Otto）

在《我的冒险人生》（My Life of Adventure）中，89岁的诺曼·沃恩（Norman Vaughan）回顾了自己以攀登者之姿所走过的一生。他意识到，无论年纪多大、限制有多少，这个旅程永远不会结束。

南极有一座山就是以他的名字来命名的，以纪念他早期的探险活动，但他直到89岁才去爬了那座山。回想起自己在南极攀登沃恩山（Mount Vaughan）的过程以及自己在生活中的攀登过程，他说："我发现，我并没有做什么别人做不到的事。唯一的区别就是我确实去做了。"

即使是在89岁高龄，沃恩还是不去扎营，而是选择不断有挑战、不确定性和逆境的生活。他所收获的是一个充满活力、冒险、梦想、无数挫折和最终自我实现的人生。

简言之，像沃恩一样，把自己的逆商提高了，那么生活的各个方面就会渐渐改善，即使出现重大逆境也无妨。只要活着就能攀登。你会坚信，与你尝试过的其他策略不同，逆商不是应急的妙招，而是一个持久的准则，这个准则构建于一个基本事实，那就是生活是艰难的，但你应对生活的方式决定了你的命运。

ADVERSITY QUOTIENT
TURNING OBSTACLES
INTO
OPPORTUNITIES

附 录

测测你的逆境强度

逆境强度指数®

这个简要的诊断方法由保罗·史托兹博士和PEAK团队所创，已在各种行业、各种规模的众多组织中得到应用。在过去的25年里，个人、团队和组织的逆境强度指数急剧上升，说明不断提高逆商越来越有必要，而且也极具战略意义。因此，这个工具旨在帮助你深入了解，为什么在个人生活、团队或组织中进行逆商相关的培训、辅导或干预是比较需要和受欢迎的。

逆境的定义

保罗·史托兹博士于1992年就"逆境"给出的定义是："你预测的或是亲身经历的对你所在意的人或事产生负面影响的事件。"

就是说，你和身边的人经常遭遇逆境可能只是因为你们对于尚未发生的事情

ADVERSITY QUOTIENT
TURNING OBSTACLES
INTO
OPPORTUNITIES

| 逆商
| 我们该如何应对坏事件

感到焦虑。这也意味着，逆境会以各种形态、规模和方式呈现出来，而且非常个人化。某人眼中的逆境在另一人看来可能就不是逆境。甚至，某人眼中的逆境在另一人看来可能是好事，甚至是喜讯！

逆境的频率、强度和规模

个人

- 你在一天之中遇到多少次问题、挑战、困难、困境、挫折、沮丧、挣扎或阻力？　　总次数为（　　　）
- 如果用 1~10 分来衡量你的压力水平（10 分为最高），那么你在一个工作日或工作周结束时的平均压力水平是多少？　　得分（　　　）
- 如果用 1~10 分来打分，那么把你所遇到的逆境都叠加在一起，这会让你感觉多沉重或是多强烈？负担有多大？（10 分为最高）　　得分（　　　）
- 如果用 1~10 分来打分，总体来看，你的生活压力有多大？（10 分为程度最强）　　得分（　　　）

团队

- 你的团队在一天之中遇到多少次问题、挑战、困难、困境、挫折、沮丧、挣扎或阻力？　　总次数为（　　　）
- 如果用 1~10 分来衡量你团队的压力水平（10 分为最高），那么你的团队在一个工作日或工作周结束时的平均压力水平是多少？　　得分（　　　）
- 如果用 1~10 分来打分，那么把你的团队所遇到的逆境都叠加在一起，这会让你的团队成员感觉多沉重或是多强烈？负担有多大？（10 分为最高）　　得分（　　　）
- 如果用 1~10 分来打分，总体来看，你的团队所承受的压力有多大？（10 分为程度最强）　　得分（　　　）

组织

- 你的组织在一天之中遇到多少次问题、挑战、困难、困境、挫折、沮丧、挣

扎或阻力？　　　总次数为（　　　）
- 如果用 1~10 分来衡量你组织的压力水平（10 分为最高），那么你的组织在一个工作日或工作周结束时的平均压力水平是多少？　　得分（　　　）
- 如果用 1~10 分来打分，那么把你的组织所遇到的逆境都叠加在一起，这会让你的组织成员感觉多沉重或是多强烈？负担有多大？（10 分为最高）　得分（　　　）
- 如果用 1~10 分来打分，总体来看，你的组织所承受的压力有多大？（10 分为程度最强）　得分（　　　）

算分

分别算出个人、团队和组织的总分。测评结果参考下表。

个人和团队	组织	测评结果
4~19	4~16	低
20~34	17~24	中
35+	25+	高

个人和团队以及组织的逆境强度钟形曲线见下图。

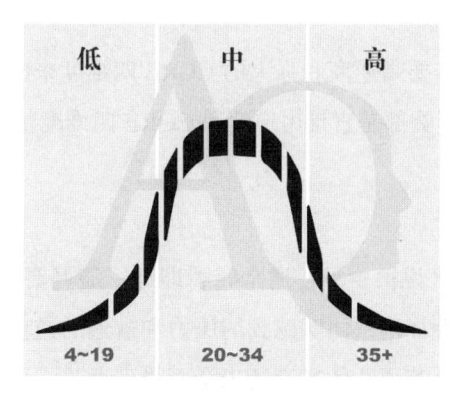

个人和团队

低　中　高

4~16　17~24　25+

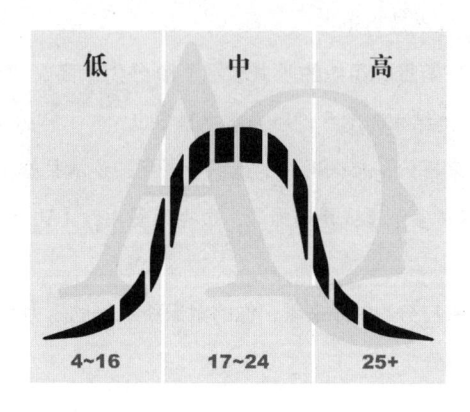

组织

然后，计算出你个人、团队和组织的总分。

个人分数

低强度说明遭遇的逆境规模较小且/或者频率较低。得分在这一区间的人，其逆商不会那么频繁和强烈地受到考验。

中强度说明遭遇的逆境很大，但远未达到极限。可能在某些时候，逆商会受到较大的考验。逆商和 CORE 四维度很可能对生产力、表现和健康产生重大且持续的影响。

高强度说明频繁需要高逆商和强大的 CORE 四维度来应对逆境。逆境对你产生的瞬时影响和累积影响都是直接由逆商和 CORE 四维度整体来决定的。

团队分数

低强度对于团队来说很少见，通常转瞬即逝。随着要求、不确定性、节奏、复杂性、变革和波动性加剧，团队感到的压力和遭遇的逆境会增加。因此低强度分数很可能是暂时的。若团队的逆商还未全面受到考验，那么考验也许很快就会到来。通过提升团队的整体逆商和 CORE 四维度反应能力，可以帮助你的团队做好准备，以应对必将到来的考验。

中强度说明逆境严重影响团队的敬业度、绩效表现、生产力和效能。在大多数团队中，团队成员的逆商高低不一。在这个区间，提升团队的整体逆商至中高或以上水平，就能对团队的活力、心态和成功产生重大影响。

高强度对于团队来说越来越常见，在全世界各行各业都是如此。若团队的得分在这个区间，那就表明逆商是团队可以发展和利用的最强大武器或工具。团队的整体逆商稍微提高一点都会大大提升创新、敏锐度、生产力和整体韧性。无论遇到什么逆境，那些应对得更好更快的团队会胜出。

组织分数

低强度对于组织来说是最不常见的，全球皆是如此。很难想象，一个组织不经历一定强度和持续性的逆境就能完成交易、优于同行或是保住生意。得分在这个区间的组织处于不利地位，并且/或者没有充分发挥自己团队成员的能力。重视并运用逆商工具可以提高组织的活力、生产力、敬业度、业绩甚至是愉悦感。

中强度意味着，与大多数组织一样，该组织持续遭遇大量的挑战、难题、压力和逆境。你们集体和个人如何应对和处理这些逆境的方式，直接决定了组织的动力、生产力和前景。在大多数组织中，团队成员的逆商高低不一。提高组织的平均逆商并减少低逆商的人数，可以大大提升业绩和竞争力。

高强度意味着组织仅通过克服或管理逆境并不能生存。这些组织可以运用逆商提升项目和工具来学习如何利用逆境，将逆境转化为燃料，推动组织到达更好、更高的行业地位。经过基础和高阶的逆商提升项目，组织就能把逆境当作一种有竞争力的武器，也借此吸引、保留和融合更多的攀登者。

补充说明

本书为保罗·史托兹博士的第一本逆商著作，第一版出版于 1997 年，涵盖了逆商最为经典和基础的理论和工具。在这 20 多年里，史托兹博士依然在逆商这个课题上身体力行攀登者的精神，持续不断地精进和创新，逆商测评已经从最早的 1.0 版本更新至当今的 10.0 版本，期间也开发了更多的逆商提升工具和项目。目前，最新的测评和工具均已经在中国落地和应用。

逆商测评™

完整版的逆商测评™可适用于各种发展目标，包括职业能力提升、绩效管理、团队建设、领导力发展、应对变革和逆境等。从 14 个场景、56 道题来测评个人对逆境的反应能力，也能为团队、组织提供逆商评估。

逆商提升项目

逆商提升项目是根据各个客户的需求和受众群体来打造各种各样的互动式、体验式的学习课程。除了概念和模型的学习，逆商提升项目中包含更多的工具，从理论到实践应用，能够真正创造积极改变和突破行动。

咨询

保罗·史托兹博士曾在全球多个组织担任顾问和意见领袖。他的专业知识领域包括变革管理、领导力发展、绩效管理、个人和职业发展、团队效能、愿景、使命感、价值观、生活管理和韧性。史托兹博士强烈建议企业聘用和培养高逆商人才，构建高逆商组织文化，支持企业可持续成功。

演讲

保罗·史托兹博士是一位非常优秀的演说家，享誉全球。他给 10 万多人做过演讲，其中包括领导者、管理者、专业人员、销售人员、家长、学生和教育工作者，等等。他经常在各种会议和活动上演讲与逆商相关的话题。

Aspire 公司作为 PEAK Learning 在中国的独家合作伙伴，可在国内提供逆商测评及相关的课程、咨询和演讲。

Adversity quotient : turning obstacles into opportunities

ISBN：978-0-471-17892-7

Copyright ©1997 by Paul Stoltz, Ph.D

Simplified Chinese version ©2019 by China Renmin University Press Co., Ltd.

Authorized translation from the English language edition published by John Wiley & Sons, Inc.

Responsibility for the accuracy of the translation rests solely with China Renmin University Press Co., Ltd. and is not the responsibility of John Wiley & Sons Inc.

No part of this book may be reproduced in any form without the written permission of the original copyright holder, John Wiley & Sons Inc.

All Rights Reserved. This translation published under license, any another copyright, trademark or other notice instructed by John Wiley & Sons Inc.

本书中文简体字版由约翰·威立父子公司授权中国人民大学出版社在全球范围内独家出版发行。未经出版者书面许可，不得以任何方式抄袭、复制或节录本书中的任何部分。

本书封底贴有Wiley激光防伪标签，无标签者不得销售。

版权所有，侵权必究。

北京阅想时代文化发展有限责任公司为中国人民大学出版社有限公司下属的商业新知事业部，致力于经管类优秀出版物（外版书为主）的策划及出版，主要涉及经济管理、金融、投资理财、心理学、成功励志、生活等出版领域，下设"阅想·商业""阅想·财富""阅想·新知""阅想·心理""阅想·生活"以及"阅想·人文"等多条产品线，致力于为国内商业人士提供涵盖先进、前沿的管理理念和思想的专业类图书和趋势类图书，同时也为满足商业人士的内心诉求，打造一系列提倡心理和生活健康的心理学图书和生活管理类图书。

《原生家庭：影响人一生的心理动力》

- 全面解析原生家庭的种种问题及其背后的成因，帮助读者学到更多"与自己和解"的智慧。
- 让我们自己和下一代能够拥有一个更加完美幸福的人生。
- 清华大学学生心理发展指导中心副主任刘丹、中国心理卫生协会家庭治疗学组组长陈向一、中国心理卫生协会精神分析专业委员会副主任委员曾奇峰、上海市精神卫生中心临床心理科主任医师陈珏联袂推荐。

《专注力：如何高效做事》

　　在专注力越来越缺失的世界里排除一切干扰，学会专心致志地做事与生活。这本书将告诉你：
- 专注力在大脑中是如何产生的；
- 为何现在专心做一件事情如此之难；
- 如何在日常生活中重新集中注意力。

《意志力心理学：如何成为一个自控而专注的人》

- 影响千万德国人的意志力方法论。
- 让你比别人多一些定力和自控力，在成功的路上走得更远。
- 成功者和失败者的差别不在于力量的强弱，也不在于知识储备的多少，而在于是否拥有意志力。

《高效思考：成功思维训练法》

- 打破传统思维的惯例使你卓尔不群，并有助于你以创新的方式解决问题。
- 《高效思考》艺术将帮助你用全新的思考方式，告诉你如何清晰地表达问题，准确地分析问题，理性地解决问题，让你在工作和事业中取得真正的成功。

《好奇心：保持对未知世界永不停息的热情》

- 《纽约时报》《华尔街日报》《赫芬顿邮报》《科学美国人》等众多媒体联合推荐。
- 一部关于成就人类强大适应力的好奇心简史。
- 理清人类第四驱动力——好奇心的发展脉络，激发人类不断探索未知世界的热情。

《思辨与立场：生活中无处不在的批判性思维工具》

- 风靡全美的思维方法、国际公认的批判性思维权威大师的扛鼎之作。
- 带给你对人类思维最深刻的洞察和最佳思考。